微波敏感乳液型沥青再生剂的开发及应用

李永翔　吴　平　米世忠　闫旭亮　李　军　著

人民交通出版社股份有限公司
北　京

内 容 提 要

本书以提高沥青路面就地热再生软化效率为目标，提出微波辅助微波敏感乳液型沥青再生剂的方法，对该方法涉及的材料、工艺等内容进行了介绍。全书分为7章，分别是绪论、微波敏感乳液型沥青再生剂的开发、混合料软化影响因素及机理分析、沥青再生性能及再生机理研究、再生混合料的配合比设计及性能研究、微波加热沥青路面数值仿真及原型机开发、微波敏感乳液型沥青再生剂在工程中的应用。

本书供从事本专业的研究人员和工程技术人员使用，也可供大专院校教师教学参考。

图书在版编目(CIP)数据

微波敏感乳液型沥青再生剂的开发及应用 / 李永翔等著. — 北京 : 人民交通出版社股份有限公司, 2021.2

ISBN 978-7-114-16254-1

Ⅰ. ①微… Ⅱ. ①李… Ⅲ. ①沥青—再生—研究 Ⅳ. ①TE626.8

中国版本图书馆CIP数据核字(2020)第009935号

书　　名：微波敏感乳液型沥青再生剂的开发及应用
著 作 者：李永翔　吴　平　米世忠　闫旭亮　李　军
责任编辑：潘艳霞
责任校对：赵媛媛
责任印制：张　凯
出版发行：人民交通出版社股份有限公司
地　　址：(100011)北京市朝阳区安定门外外馆斜街3号
网　　址：http://www.ccpcl.com.cn
销售电话：(010)59757973
总 经 销：人民交通出版社股份有限公司发行部
经　　销：各地新华书店
印　　刷：北京虎彩文化传播有限公司
开　　本：720×960　1/16
印　　张：9
字　　数：157千
版　　次：2021年2月　第1版
印　　次：2021年2月　第1次印刷
书　　号：ISBN 978-7-114-16254-1
定　　价：46.00元

前　言

FOREWORD

目前就地热再生采用单纯加热的方法软化原路面，如明火加热、热风加热、红外加热、微波加热等。明火加热、热风加热、红外加热都是通过热传导加热再生层，导致沥青路面软化效率低，既影响施工的便捷性，增加了施工成本，还容易引起路面表层沥青的二次老化。微波具有较强的穿透性，能够避免表面温度过高而导致沥青的二次老化问题，但微波加热的厚度能达到十几厘米，用于路面表层功能性修复的沥青路面就地热再生技术，浪费了大量的微波能量，经济性较差。

本书提出了微波辅助微波敏感乳液型沥青再生剂软化沥青路面的设想，通过理论分析和室内验证开发了微波敏感乳液型沥青再生剂，并通过值分析、室内试验、试验路验证等方法对其技术性能及作用机理进行了分析。本书在研究分析微波敏感乳液型沥青再生剂应具备性能的基础上，提出了微波敏感乳液型沥青再生剂不同组分组成。通过改良的针入度试验，研究了不同配比的微波敏感乳液型沥青再生剂经微波作用后在沥青中的渗透性能，确定了再生剂的配方，并进行了理化性能测试。结果表明，微波敏感乳液型沥青再生剂是一种具有极强微波敏感性的非离子慢裂型沥青再生剂乳液，其各项指标满足现行技术标准对沥青再生剂的要求。

通过室内试验对微波敏感乳液型沥青再生剂软化沥青混合效果进行验证，利用 COMSOL MULTIPHYSICS 有限元软件建立全尺寸室内试验模型，分析了微波敏感乳液型沥青再生剂加入前后对混合料试件温度场分布的影响。本书依据现有的沥青和沥青混合料评价体系，对掺有微波敏感乳液型沥青再生剂的再生沥青和再生混合料性能进行了研究。通过分析原样沥青、沥青旋转薄膜加热试验（RTFOT）短期老化沥青、RTFOT + 沥青压力老化容器（PAV）长期老化沥青和微波敏感乳液型沥青再生剂再生沥青流变性能参数，对再生沥青的高温、低温、疲劳性能进行了分析；通过四组分试验、红外光谱试验、热重分析试验、扫描电镜试验等，从微观角度分析了微波敏感乳液型沥青再生剂的再生性能，并利用灰色关联分析法对微波敏感乳液型沥青再生剂再生机理进行了分析。

结果表明，有限元模拟结果与室内试验有很好的相关性。通过室内软化混合料试验，分析了微波功率、再生剂用量、混合料空隙等因素对混合料软化效果的影响规律，并对微波敏感乳液型沥青再生剂软化混合料的机理进行了探讨。

通过 COMSOL MULTIPHYSICS 软件模拟单喇叭天线作用于路面时路面温度场的变化，对比分析了微波敏感乳液型沥青再生剂涂抹路面前后以及微波敏感乳液型沥青再生剂渗透路面内部前后，路面温度场的变化，并通过室内试验验证了温度场分布规律。利用 HFSS 软件对不同喇叭天线阵列排布方式的微波加热均匀性进行了分析，确定了原型机中喇叭天线的排布方式，并开发了微波发射设备原型机。

利用 WITOL 微波养护车和 LWX - 300Ⅱ型箱式微波加热车进行了微波敏感乳液型沥青再生剂的工程应用研究，对微波敏感乳液型沥青再生剂软化沥青路面以及作为再生剂再生沥青混合料的效果进行了验证，并对再生剂用于坑槽修补时的经济效益进行了分析。

由于作者的水平及实践经验有限，书中难免有疏漏和错误之处，恳请各位读者给予指正。

作　者

2020 年 3 月

目　录

CONTENTS

▶▶▶ 第1章　绪论

1.1　研究背景及意义

20世纪90年代起,我国公路建设进入高速发展期,到2018年底公路通车总里程达484.65万km,其中高速公路14.26万km。我国高速公路95%以上采用沥青路面,按照相关设计规范的要求,高速公路普遍采用12～15年的设计使用年限,早期建成的高速公路陆续进入大中修期,加之种种原因导致的路面早期病害,大量旧路面临改扩建的问题。我国公路建设也由原来"以建为主"逐步转为"建养并重"的新时期。2012年交通运输部印发了《关于加快推进公路路面材料循环利用工作的指导意见》,明确提出到2020年公路路面旧料循环利用率达到90%以上,高速公路路面旧料循环利用率达到95%以上,普通干线公路路面旧料循环利用率达到85%以上。由此可见,开展沥青路面再生新技术研究具有重要的现实意义。

按照《公路沥青路面再生技术规范》(JTG/T 5521—2019)的分类,沥青路面再生分为厂拌热再生、就地热再生、厂拌冷再生和就地冷再生四种。不同再生方式有不同的适用范围:厂拌热再生技术适用于各种路面病害修复;就地热再生技术能够有效修复沥青表面病害,恢复路面功能性病害;厂拌冷再生技术和就地冷再生技术适用于高等级公路较低的层位,或低等级公路。沥青路面就地热再生技术相较其他再生技术具有施工周期短、交通干扰小、一次成型、旧料利用率高、层间热连接等优点,被广泛应用于路面表面功能性修复工程中,可分为整形、复拌、复拌加铺几种方式,但目前的沥青路面就地热再生技术存在路面加热效率低、加热过程容易使原路面中的沥青二次老化等问题。现阶段沥青路面就地热再生设备软化路面的方式主要有明火加热、热风循环加热、红外加热和微波加热。

明火加热是利用天然气或燃油燃烧产生的火焰对沥青路面进行加热。该加热方式温度难以控制，由于火焰与沥青路面直接接触，容易引起沥青路面二次老化。代表性设备有美国卡特勒（Cuttler）公司的加热机（图1.1）、芬兰卡勒泰康（LALOTTIKONE）热再生设备等。

图1.1 Cuttler就地热再生机组

热风循环加热是利用燃料对空气进行加热，通过加热板的风嘴喷射到路面表面的加热方式。热风循环加热可以将喷射到路面上的热空气循环利用，因此具有加热效率高，相对节省燃料、路表温度易于控制等优点。但该种加热方式采用热传导的方式对路面加热，当温度低时路面加热效率低，当温度高时表层沥青容易产生老化，除此之外该种软化路面的方式容易产生热风泄漏，会对施工路段两侧的植被造成破坏。代表设备有：加拿大MartecAR200就地热再生机组、日本新潟RH400B就地热再生机组、中联重科的LR4500就地热再生机组、鞍山森远SY4500热再生机组等（图1.2、图1.3）。

图1.2 中联重科就地热再生机组

图1.3 鞍山森远就地热再生机组

红外加热是利用可燃气体对辐射板如金属网、多孔陶瓷板等进行加热，通过加热后的辐射板释放红外线对沥青路面进行加热。红外加热方式具有热效率高、辐射热相对均匀的特点，但由于红外线穿透能力有限，沥青路面的升温主要还是依靠热传导来实现的，因此容易出现沥青路面内部温度梯度过大（沥青路面表面温度过高而内部温度未达到耙松要求）的情况。典型的红外加热设备有：采用燃气红外加热方式的德国维特根（Wirtgen）公司的加热机（图 1.4）、采用液化石油气红外加热方式的加拿大 Ecopaver 公司 400 型就地热再生机组、采用燃气红外辐射加热方式的南京英达 HM16 型加热机、采用燃气红外辐射加热方式的江苏奥新 CRA7000 加热机。

图 1.4 Wirtgen 就地热再生机组

微波具有很好的穿透性，通过微波对路面进行加热能够有效降低路面的温度梯度，减少再生路面上下表面的温度差，从而减轻二次老化现象。微波对物体加热具有选择性，加热沥青路面是通过石料温度上升带动沥青温度上升，最终实现沥青路面的软化，但由于石料的微波敏感性相对较弱，微波作用路面时往往穿透深度超过就地热再生层的厚度，在一定程度上造成了微波能量的浪费，经济性较差。微波就地热再生设备如图 1.5 所示。

图 1.5 江苏威拓就地热再生机组

由上述内容可知，除微波加热外，沥青路面就地热再生其他加热方式热能交换都发生在沥青路面表面,通过热传导方式对沥青混合料内部进行加热。由于沥青路面材料是热的不良导体,过大的热流密度输入,会导致沥青路面表面温度过高,沥青老化严重,影响路面的再生效果。沥青路面加热后期,高温的沥青会散发大量的烟气,造成环境污染,还会对周围植被造成损伤。明火加热、热风循环加热、红外加热和微波加热几种加热方式的特点如下:明火加热温度最难控制,容易引起沥青路面老化;热风循环加热、红外加热相比明火加热好控制,但加热效率较低;微波加热沥青路面存在二次能量转换问题加上微波加热深度大于就地热再生深度,能量浪费比较严重。

本书针对沥青路面就地热再生中软化沥青路面效率低、能耗高、容易对原路面沥青产生二次老化等问题,提出微波辅助微波敏感乳液型沥青再生剂软化路面的思路,为就地热再生软化沥青路面提供了新方法。

1.2 国内外研究现状

1.2.1 微波在沥青路面加热中的研究现状

1)国外研究现状

国外开展微波加热沥青路面的相关研究较早,1969 年已有利用用微波加热技术进行路面修复的报道。1974 年,R. G. Bosisio 等人利用 2.45GHz 频率的微波进行路面加热,研究发现微波可以在保持沥青表面温度不过高的情况下,达到有效加热深度 12cm,在不破坏沥青路面现存质量的情况下实现路面裂缝的修补,防止水渗入到路面基层发生冻胀等病害。1982 年,N. Anon 等人对微波用于路面修补进行了尝试,指出该技术具有巨大的使用潜力,研究显示利用发电机产生的废气和微波共同作用,可以使得路面 12cm 范围内温度加热到 90 ~ 150℃,满足沥青面层裂缝和坑槽修复的要求。E. J. Jaselskis 研究了沥青路面对100Hz ~ 12GHz 不同频率微波的吸收情况,指出介电损耗与微波频率和路面温度之间的关系,并得出微波频率越高,穿透能力越弱的结论。James M. Hill 等对微波加热机理进行了研究,通过建立数值模型分析了微波加热过程中材料温度的变化规律。Thomas Peinsitt 等对玄武岩、花岗岩等不同类型岩石的加热过程进行了研究,发现岩石对微波的吸收能力与其含水率有关,得出不同岩石不同含水率下微波的吸收能力不同。A. Benedetto 在试验室中对比了微波加热与传统加热方式对混合料温度的影响,并将数据用于数值模型的建立和校准,通过研究验证了微波加热技术用于沥青生产和回收过程的可行性。A. González 等对微波加热含有金属纤维的沥青路面修复技术进行了研究,指出该类型的混合料在微波作用时有自愈合的能力,并对再生混合料中添加金属纤维的性能进行了研究。研究表明,RAP 料的加入影响了混合料的自愈合效果,但金属纤维的加入有利于混合料的自愈合。Sun Yihan 等对掺加微波敏感材料的沥青路面在微波作用下的融雪效果进行了研究,得出掺加微波敏感材料的路面上采用微波除冰的效果显著。掺加微波敏感材料的融冰速度从小于 1g/min 提高到 10g/min 以上,而钢纤维改性沥青混合料和钢渣沥青混合料的融冰速度速度可达到 53.9g/min和 48.5g/min。Quantao Liu 通过红外摄像机研究了不同加热方式沥青混合料的升温特性。通过观察裂缝闭合情况,研究了不同条件下沥青混合料试件的愈合能力。Karimi Mohammad M. 通过微波辐射研究了活性炭改性沥青混凝土的裂缝愈合能力,研究将具有不同活性炭用量的沥青用微波辐射,发现添加活性炭后的沥青温度升高速度明显高于普通沥青,认为添加活性炭能够使沥青在微波作用下有很好的愈合能力。Juan Gallego 等人通过在沥青混合料中添加钢纤维和石墨改善沥青混合料的导电性,提高混合料对微波的敏感性。研究结果显示,添加感应材料的用量实际只需要电磁感应用量的十分之一,而且微波消耗的能量也小于通过电磁感应产生类似效果所需要的电量。J. Norambuena Contreras等人对比研究了采用微波加热、感应加热两种方式对沥青混凝土自愈合的影响。研究发现,微波加热比感应加热有更好的愈合路面裂缝的效果。但随着愈合次数的增加,混合料愈合水平逐渐降低,并且指出微波加热使沥青混合料的空隙率增大。J. E. Shoenberger 等对微波用于沥青路面再生进行了研究,研究通过测试再生沥青的黏度、针入度、流变参数等进行了再生沥青的评价,通过 GPC、FTIR 等化学分析手段分析了再生沥青的化学成分。结果显示,利用微波再生的沥青在高温低频下的复数剪切模量 G^* 变大,指出利用微波加热再生混合料时,再生料的掺量能够达到 100% 。

分析文献可知,国外微波用于沥青路面加热的研究大致可归结为三类:第一类是微波用于加热普通沥青混合料,研究在整个加热过程中沥青混合料温度变化特征以及加热成型后混合料的力学特性,尝试将微波加热技术用于修复路面病害;第二类是微波用于沥青路面除冰,研究路面除冰机理、微波作用方式和微波敏感材料加入沥青混凝土中对除冰效率的影响规律等,尝试将微波加热技术用于路面除冰;第三类是微波敏感乳液型沥青混合料的研究。研究沥青混合料中掺入金属纤维、活性炭等微波敏感材料后的混合料微波加热特性、力学特性、自愈合性能等,尝试微波敏感乳液型沥青混合料的应用。

2)国内研究现状

我国对微波用于沥青路面加热的研究起步较晚,直到20世纪90年代才见到相关报道。朱松青等通过试验对比研究了微波间歇加热和连续加热两种方式对沥青混合料加热效果的影响,研究结果表明微波加热能实现瞬间的全深度加热。对比了微波加热与常规加热方式下沥青混合料的路用性能,同时建立了电磁场控制方程和热传递方程耦合的二维非线性电耦合模型,用于分析混合料加热规律。高子渝等对比研究了不同级配、不同含水率的沥青混合料微波加热效率,讨论了沥青混合料旧料含有轻质油、橡胶杂质时对微波加热效率的影响,并通过CST软件对2.45GHz和5.8GHz频率微波加热沥青混合料时,波导口与加热混合料距离对加热效率的影响进行了数值仿真。薛亮等通过室内试验分析了采用微波加热、红外加热成型的沥青混合料的技术性能,研究结果表明:微波加热优于红外加热,采用微波加热方式成型的沥青混合料技术指标得到有效提高。关明慧等提出了应用微波加热技术清除道路积冰的设想,并指出微波除冰的原理为路面能够吸收微波能量,微波能够穿透冰层加热路面使得冰层和路面分离。李肖肖等通过数值模拟的方法分析了角锥喇叭天线的排列位置以及相位差对微波加热均匀性的影响,采用阵列天线理论对多磁控管微波加热器辐射场场强分布进行了求解,通过分析微波在沥青混合料中的衰减理论和微积分的相关知识,分析了含水率对混合料较热效果的影响。杨茂辉等对微波路面除冰进行了研究,设计了带有不同倾斜角的斜角喇叭,研究得到了喇叭倾角以及喇叭高度对混合料加热效果的影响规律,通过试验和数值分析,对2.45GHz和5.8GHz两种频率微波发射器的除冰效果进行了对比。焦生杰等对路面材料、微波频率、冰层厚度、波导口距离路面高度、环境温度等对微波除冰效果的影响进行了研究。研究结果表明:环境温度对除冰效果有较大影响,温度越低除冰效果越差;5.8GHz比2.45GHz频率微波微波除冰效率提高4~6倍;使用铁磁性材料加铺层相比普通沥青混凝土路面除冰效率能够提高3~5倍。郭德栋利用磁铁矿集料代替传统集料,铺筑具有快速融雪除冰功能的沥青路面结构层,研究了磁铁矿沥青路面材料组成和结构组合设计、微波与磁铁耦合发热机理、磁铁矿沥青混凝土的微波除冰效率以及除冰工艺等内容。赖龙发对微波除冰中路面吸收微波效率低的问题进行了研究,提出了吸波薄层、吸波微表处的概念,并指出了这两种结构形式应用于路面可提高微波除冰效率。高杰提出将碳纤维用于乳化沥青砂浆,以提高微波除冰效率的设想,并进行了室内试验和计算模型的建立。研究结果表明,添加碳纤维后,微波的除冰效果较为理想。电磁波吸收材料与传统路面材料相结合,所形成的微波融冰雪路面具有高效、环保等优势。陆松等研究了微波频率、道面材料特性对机场道面微波除冰效率的影响。运用 COMSOL MULTIPHYSICS 软件建立微波除冰仿真模型,采用自主设计的微波除冰装置进行试验研究。研究结果显示,微波能够透过冰层加热混凝土,使冰层与混凝土表面脱离,仿真结果与试验结果较接近,验证了仿真模型具有较高的准确性,微波除冰方法具有一定的可行性。韩旭为了改善微波加热路面的均匀性问题,提出了径向螺旋天线用于加热沥青路面的设想,通过优化设计参数,提高了微波加热路面的均匀性。对电磁超材料进行了理论设计,验证了该方案的可行性。王昊鹏在沥青混合料中掺加导电材料(钢纤维和石墨),研究了掺加两种材料后混合料的力学性能,同时对掺加导电材料后在微波作用下两种混合料的自愈合性能进行了研究。

由上述文献可知,国内微波用于沥青路面加热的研究与国外的研究方向基本相同,主要集中在微波加热普通沥青混合料、微波用于沥青路面除冰以及微波敏感乳液型沥青混合料三方面的研究。我国在进行研究的同时,微波加热沥青路面技术也得到了一定的应用。微波首次用于沥青路面加热始于 20 世纪 90 年代,上海通用电子技术服务公司推出了采用微波加热的沥青路面修复机,用于沥青路面的加热;2004 年,广东威特公路养护设备有限公司设计出了沥青路面现场热再生的微波加热养护工程车,用于路面局部病害的修复;2011 年,江苏威拓公司开发了微波就地热再生机组,用于沥青路面就地热再生。

1.2.2 沥青再生剂的研究现状

1)国外研究现状

20 世纪 70 年代随着石油危机的爆发,沥青再生逐渐受到了西方发达国家的重视,相继开展了大量沥青再生剂的研究工作,并逐步形成了一套专门针对再生剂的规范标准。具有代表性的规范有日本道路协会、美国材料与试验协会(ASTM)推出了技术标准(表 1.1、表 1.2)。

日本道路协会沥青再生剂技术要求 表 1.1

测试项目	试验方法	性能要求
动力黏度(s)	JIS K2283	80 ~ 1000
闪点(℃)	JIS K2265	>230
黏度比,60℃	JIS K2283	<2.0
质量变化(%)	JIS K2207	±3.0

美国 ASTM 沥青再生剂技术要求　　表 1.2

试验项目	RA1	RA2	RA3	RA4	RA5
黏度(cdt,60℃)	52 ~ 175	176 ~ 900	901 ~ 4500	4501 ~ 12500	12501 ~ 37500
闪点(℃)	≥220	≥220	≥220	≥220	≥220
饱和分含量(%)	<30	<30	<30	<30	<30
芳香分含量(%)	>60	>60	>60	>60	>60
薄膜老化黏度比	≤3	≤3	≤3	≤3	≤3
薄膜老化质量比(%)	$-4 \le X \le 4$	$-4 \le X \le 4$	$-4 \le X \le 4$	$-4 \le X \le 4$	$-4 \le X \le 4$

沥青再生剂的发展历程大致可分为以下几个阶段:20 世纪 70 年代,沥青再生剂主要以分子量较小的芳烃类物质为主要材料,这类再生剂与老化沥青的相容性好,但耐久性差,再生的沥青混合料容易产生高温稳定性不足的病害;20 世纪 80 年代,再生剂主要成分逐渐转变为分子量较大的渣油类,为提高再生混合料的路用性能,在再生过程中添加了增黏成分;20 世纪 90 年代,在添加再生剂的同时,再生过程中加入了 SBS、SBR 等高分子聚合物,甚至采用废旧橡胶添加硫黄交联的方式形成热固体系,以提高再生混合料性能;21 世纪以来,再生剂的应用也由原来的沥青混合料热再生转向多样化,如用于路面预防性养护的喷洒型再生剂、用于沥青路面冷再生的再生剂等。

相关学者也对沥青再生剂与老化沥青的相容性方面开展了相关研究,再生剂的性能得到了一定的提升。R. Karlsson 等采用分层抽提法研究了再生剂在老化沥青内部渗透的行为,通过测试不同阶段回收得到沥青的黏度评价了再生剂在老化沥青中的渗透效果。R. Romera 等通过研究沥青的流变学性能,分析了添加再生剂对车辙因子 $G^*/\sin\delta$、沥青黏度等参数影响,得出了再生剂能够有效恢复老化沥青流变性能的结论。V. J. Berend 等用生腰果壳油 CNSL 作为沥青再生剂对老化沥青进行再生,并对 CNSL 的制作工艺进行了详细的描述。M. Zargar 等利用废弃食用油作为老化沥青的再生剂,对再生沥青的三大指标、黏度、流变性能参数、红外光谱、老化性能等指标进行研究。研究结果显示,用废弃食用油作为沥青再生剂能够有效恢复沥青的流变性能,但再生后沥青更容易老化。

2)国内研究现状

我国沥青再生剂的研究始于 20 世纪 80 年代,当时再生剂主要以石油工业生产出的轻质油、柴油、机油等作为主要成分,此类再生剂虽能恢复老化沥青的部分性能,但再生的混合料性能相对较差。由于 20 世纪我国公路主要以新建为主,因此对再生剂的研究相对较少。进入 21 世纪以来,随着国内大中修项目的增加,再生剂的研究也逐渐得到重视。《公路沥青路面再生技术规范》

(JTG/T 5521—2019)中对再生剂的指标进行了规定,如表1.3所示。

热拌沥青混合料再生剂质量要求 表1.3

检验项目	RA-1	RA-5	RA-25	RA-75	RA-250	RA-500	试验方法
60℃黏度 CST	50~175	176~900	901~4500	4501~12500	12501~37500	37501~60000	T 0619
闪点(℃)	≥220	≥220	≥220	≥220	≥220	≥220	T 0633
饱和分含量(%)	≤30	≤30	≤30	≤30	≤30	≤30	T 0618
芳香分含量(%)	实测记录	实测记录	实测记录	实测记录	实测记录	实测记录	T 0618
薄膜烘箱试验前后黏度比	≤3	≤3	≤3	≤3	≤3	≤3	T 0619
薄膜烘箱试验前后质量变化(%)	≤4,≥-4	≤4,≥-4	≤3,≥-3	≤3,≥-3	≤3,≥-3	≤3,≥-3	T 0619 或T 0610
15℃密度	实测记录	实测记录	实测记录	实测记录	实测记录	实测记录	T 0603

江臣等研制了采用轻质油分与共聚树脂(丁二烯与丙烯酸酯)进行混溶作为再生剂,从沥青性能指标得出,采用该再生剂再生的沥青性能能够恢复到使用初的水平。王永刚等以炼油厂的废料为原料开发出废旧沥青复合再生剂,得出复合再生剂抗老化性能较传统的轻油型再生剂好。耿久光研究了再生剂与老化沥青的相容性问题,指出了再生剂用量的确定方法以及再生沥青的评价方法。冉龙飞结合国内外沥青再生技术标准,通过室内试验研究从性能和环保等方面考虑,开发了SBS改性沥青高性能再生剂,并制定了相应的技术标准。余国贤等研究了复合型再生剂,并对复合型再生剂各组分对废旧沥青的影响规律进行了研究。研究结果表明,复合型再生剂各组分之间具有协同效应,且在改善沥青高温性和感温性方面优于传统沥青再生剂。凌天清通过正交试验方法,开发了YT型沥青再生剂,并通过红外光谱分析了YT再生剂再生沥青的官能团变化,同时研究了再生沥青的技术指标,结果发现YT型沥青再生剂除物理调和作用外,其部分组分与老化沥青发生了反应,从而改变了老化沥青的性质。王凤楼等分别对6种基础油和5种改性剂对老化沥青再生效果的影响进行了研究,通过优化制备出了新型沥青再生剂。结果表明,羟基苯甲酸酯对沥青延度有较大改善,将调和基础油与羟基苯甲酸酯混合可作为沥青再生剂的主要成分,在其中加入防老剂与紫外线吸收剂,可制备出合成沥青再生剂。杨乾隆提出将糠醛裂化

油作为沥青再生剂的想法,并开展了相关的再生剂性能研究。牛昌昌基于晶核分散理论,研制了一种新型沥青再生剂,并对其各项性能进行评价。

分析文献发现,现阶段再生剂产品由轻质油分向重质油分发展。同时在再生剂中添加了橡胶,橡胶类型主要有丁苯橡胶、氯丁橡胶、天然橡胶、乙丙橡胶等,再生剂自身稳定性、再生剂再生性能都有了大幅提高,部分再生剂还根据性能的需要添加了抗老化成分。我国再生剂体系已经趋于完善,有完整的评价体系和成熟的市场化产品,在实际工程中也得到了规模化的应用。

1.3 主要研究内容

本书在分析沥青路面就地热再生软化路面中存在的问题,提出微波敏感乳液型沥青再生剂的概念,论证微波敏感乳液型沥青再生剂体系成立的可行性后,开发了微波敏感乳液型沥青再生剂。测试了微波敏感乳液型沥青再生剂的理化特性,研究了微波敏感乳液型沥青再生剂软化混合料的机理以及影响软化效果的因素,并通过 COMSOL MULTIPHYSICS 软件分析了添加微波敏感乳液型沥青再生剂使用前后路面温度场的变化,对微波敏感乳液型沥青再生剂再生沥青及混合料性能进行了研究,通过 HFSS 软件对微波天线的排列方式进行了分析,优选了天线的排布方式,并进行了微波发射设备原型机的开发。最后利用现有微波设备,对混合料的软化效果和混合料的再生效果进行了工程验证。本书的主要研究内容如下:

(1)微波敏感乳液型沥青再生剂的开发。

分析微波敏感乳液型沥青再生应具备的性能,基于乳液体系稳定理论,从理论上证明了微波敏感乳液型沥青再生剂体系成立的可行性。通过 XRD、光电子能谱、热重分析等化学分析手段分析了微波发热材料的主要成分,通过分析不同配比的微波敏感乳液型沥青再生剂微波作用时在沥青中的渗透情况,对微波敏感乳液型沥青再生剂各组分比例进行优化,确定出微波敏感乳液型沥青再生剂的配方。同时对微波敏感型再生剂的微观形态、电磁特性等理化特性进行测试分析。

(2)微波敏感乳液型沥青再生剂软化沥青混合料影响因素及机理分析。

利用开发的微波敏感型再生剂进行混合料软化试验。通过 COMSOL MULTIPHYSICS软件建模,从改变热量分布角度分析了微波敏感乳液型沥青再生剂软化混合料的机理,并结合混合料软化试验现象,分析了微波敏感乳液型沥青再生剂软化混合料的机理。通过室内软化马歇尔试验进行了数值模拟结果的验证,并对影响混合料软化效果的微波作用方式、再生剂用量、混合料空隙率、集料类型等因素及其作用规律进行了分析。

(3)微波敏感乳液型沥青再生剂再生机理及再生沥青性能研究。

利用DSR、BBR等试验仪器,对微波敏感乳液型沥青再生剂再生的沥青流变性能进行了系统研究,通过分析原样沥青、RTFOT短期老化沥青、RTFOT + PAV长期老化沥青和微波敏感乳液型沥青再生剂再生沥青的储能模量G',损耗模量G'',复数剪切模量G^*,相位角δ,车辙因子$G^*/\sin\delta$,劲度模量S、m值,疲劳因子$G^* \cdot \sin\delta$等参数对再生沥青的高温、低温、疲劳性能进行了分析;通过四组分试验、红外试验、热重分析试验、扫描电镜试验从微观角度分析了微波敏感乳液型沥青再生剂的再生性能,并通过灰关联分析方法阐述了微波敏感乳液型沥青再生剂再生机理。

(4)微波敏感乳液型沥青再生剂再生混合料性能研究。

对微波敏感乳液型沥青再生剂再生混合料性能进行了研究。依托现行的马歇尔混合料设计方法,对比分析了80% 再生沥青混合料含量的微波敏感乳液型沥青再生剂再生沥青混合料和某国产再生剂X再生沥青混合料的动稳定度、综合稳定指、低温弯拉应变、低温应变能、马歇尔残留稳定度、疲劳作用次数等指标,并与相同级配的70号沥青新拌沥青混合料进行了性能比较,分析了再生混合料的高温、低温、水稳、疲劳特性。

(5)微波加热沥青路面数值仿真及原型机开发。

利用COMSOL MULTIPHYSICS软件对微波敏感乳液型沥青再生剂添加前后沥青路面温度场的变化规律以及微波敏感乳液型沥青再生剂渗入沥青路面前后的温度场进行了模拟,分析了微波敏感乳液型沥青再生剂在路面软化中对温度场分布的影响。利用HFSS软件对不同微波天线排布形式的分布均匀性进行研究,通过对比不同排布形式下微波能量场的分布幅度均值和幅度方差,为微波发射原型机中喇叭天线排布提供依据,并开发了微波发射原型机。

(6)微波敏感乳液型沥青再生剂工程应用。

利用威特142TB微波就地再生车和LWX-300Ⅱ型沥青混合料微波加热车,进行微波敏感乳液型沥青再生剂应用。对微波敏感乳液型沥青再生剂软化沥青路面的效果以及利用微波敏感乳液型沥青再生剂再生的混合料性能进行测试,分析微波敏感乳液型沥青再生剂实际再生效果,并分析了用于坑槽修补时的经济效益。

1.4 技术路线

本书的技术路线如图1.6所示。

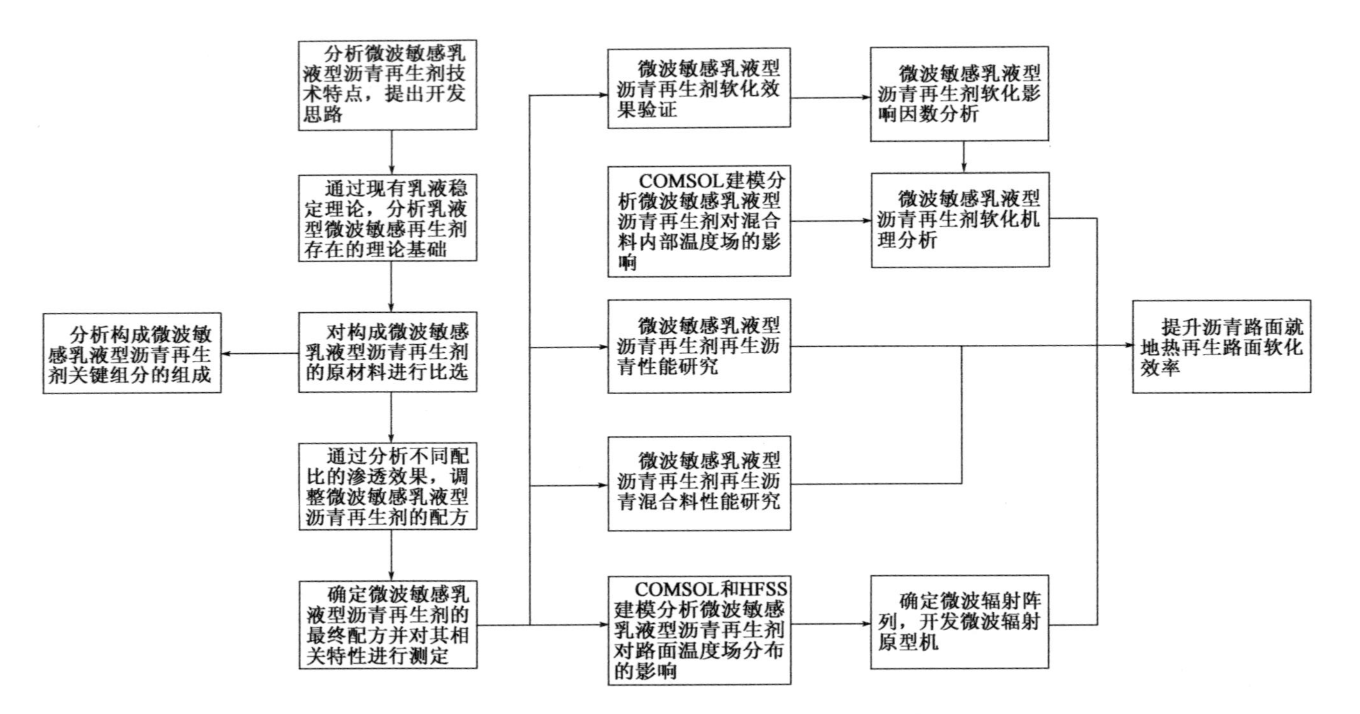

图1.6　微波敏感乳液型沥青再生剂开发及技术性能研究技术路线图

▶▶▶ 第 2 章　微波敏感乳液型沥青再生剂的开发

本章首先分析了微波敏感乳液型沥青再生剂应具备的性能，在此基础上制订了微波敏感乳液型沥青再生剂的开发思路，明确了微波敏感乳液型沥青再生剂为一种乳液型沥青再生。通过乳液稳定理论分析论证了微波敏感乳液型沥青再生剂乳液体系存在的可能性。通过针入度指标间接对不同配比的微波敏感乳液型沥青再生剂在沥青中的渗透深度进行测试，确定了微波敏感乳液型沥青再生剂的配方，并对微波敏感乳液型沥青再生剂微观形态和电磁特性等理化指标进行了测试。

2.1　微波敏感乳液型沥青再生剂的开发思路

利用微波敏感乳液型沥青再生剂（以下简称 YG-1）就地热再生施工示意图如图 2.1 所示。首先将 YG-1 喷洒到沥青路面表面，在微波发射装置的辅助下使 YG-1 渗透到沥青路面内部实现沥青路面的软化和再生，其后的施工步骤与现有的沥青路面就地热再生相同。

图 2.1　利用 YG-1 的就地热再生施工示意图

根据使用 YG-1 就地热再生的施工特点可知，YG-1 应具备以下性能：

（1）极强的微波敏感性。沥青路面就地热再生用于修复沥青路面表面层病害，再生深度较浅，而微波具有极强的穿透性，对路面进行加热时往往深度较大。有研究显示，采用2.45GHz的微波进行路面加热，路面加热深度可以达到12cm甚至更深。这不但造成了微波能量的浪费，而且降低了路面有效区域软化的效率。分析可知，要避免微波能量的浪费，YG-1应具备使微波能量最大限度地集中在沥青路面的表面再生层的能力，因此要求YG-1具备较强的微波敏感性，起到阻止微波向下穿透的作用。

（2）良好的渗透性。再生过程中要求添加的YG-1均匀地分散在再生层的混合料中，这就要求YG-1具有良好的渗透性。YG-1的渗透性主要表现在两方面：一方面是其可以通过沥青混合料内部的连通空隙快速渗透到混合料内部，这就要求YG-1与沥青混合料有较好的浸润性、较低的表面张力和较小的黏度；另一方面是要求YG-1能够快速渗透集料表面的沥青层，与老化沥青充分融合，使老化沥青得到还原，要求YG-1与沥青具有较好的相容性。

（3）快速软化沥青路面。YG-1用于沥青路面就地热再生，最大的特点就是能够快速软化沥青路面。因此YG-1应在微波的作用下具备快速软化沥青路面的功能，要求YG-1具备微波作用下快速降低原路面沥青黏度的作用。

（4）良好的沥青再生性能。沥青路面就地热再生的根本还是要将旧路面的老化沥青还原再生，恢复路面材料的使用性能。因此，YG-1应具备良好的沥青再生性能。依据组分调和理论，沥青再生剂通过添加老化沥青中减少的饱和分和芳香分实现沥青组分还原，进而实现老化沥青的再生。因此，YG-1中应含有饱和分和芳香分，起到调节沥青组分、再生老化沥青的作用。

由上述分析可知，YG-1在保证再生性能的同时应具备较好的微波敏感性、较强的渗透性和快速软化沥青混合料的能力，才能满足使用要求。普通的沥青再生剂主要由有机分子组成，而有机分子多为非极性结构，对微波不敏感，因此必须通过复配的手段，在传统的沥青再生剂中引入微波敏感性材料，使其具备微波敏感性。但单纯在普通再生剂中添加微波敏感型材料是不可行的，因为再生剂的主要成分为饱和分和芳香分等有机分子，如在其中直接引入微波敏感型材料，该种材料在微波的作用下会大量吸收微波能力转化为热能，使其周边的温度急剧升高，引起再生剂的严重“老化”甚至“燃烧”，不但起不到再生作用，还会造成一定的危险。因此必须在体系中引入一种组分，使复配体系既能满足对微波的敏感性，又能维持相对较低的温度。分析发现，将水引入再生体系可以很好地解决上述问题。水在整个再生剂体系中起到以下作用：

（1）防止温度过高使得再生成分发生“老化”或“燃烧”。水的沸点较低，可以很好地抑制再生成分的温度过高引发再生剂老化或燃烧。

(2)水能够降低再生剂体系的黏度,有利于再生剂的渗透。再生剂的黏度对其渗透性的影响较大,黏度越小越有利于其在沥青混合料缝隙中的渗透,由于水的黏度较低,水的加入可以在一定程度上降低体系的黏度。

(3)水能够起到“温拌”的作用。再生体系的水与原路面中的沥青接触后,当温度达到一定值后,水能起到“发泡”作用,进而降低沥青的黏度。

(4)水能起到一定的截波作用。水是典型的非极性分子,对微波敏感,具有较强的吸收微波能力,能够在一定程度上阻隔微波,降低微波的穿透深度,减少微波能量浪费。

再生成分、水、微波敏感型材料混合在一起形成稳定的体系,而形成稳定乳液关键技术之一是在其中加入乳化剂,结合 YG-1 的特点,乳化剂在实现乳液体系稳定的同时,还有利于降低再生剂体系的表面张力,使乳液与沥青混合料具有较好的亲润性,因此添加乳化剂符合 YG-1 的开发要求。

由上分析可知,满足 YG-1 性能要求的,应是一种复配的沥青再生剂乳液,乳液中包含沥青再生成分、微波敏感材料、水和乳化剂。YG-1 的开发思路如图 2.2 所示。

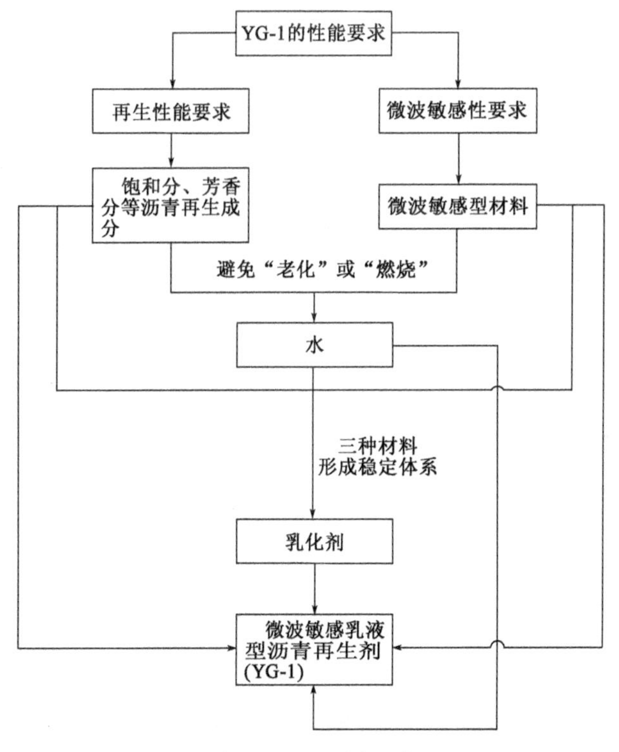

图 2.2　YG-1 开发思路

2.2 乳液体系稳定理论

由 2.1 节所述可知,YG-1 是一种乳液,所不同的是其中含有对微波极为敏感的微波敏感材料,本节通过现有的乳液体系稳定理论,分析加入微波敏感性材料后乳液体系成立的可行性。现阶段公认的乳液稳定性的理论主要有 DLVO 理论、空缺稳定理论和空间稳定理论,而 DLVO 理论是对乳化沥青体系稳定性比较权威的解释。

DLVO 理论认为在布朗运动、温差对流以及机械搅动等作用下,分散相粒子彼此靠近到某种距离内,于是其间便存在因分子间力而产生的吸引位能 Φ_A 和因粒子双电层的相互搭接而产生的排斥位能 Φ_R,此时由两粒子组成体系的净位能 Φ_N 为:

$$\Phi_N = \Phi_R + \Phi_A = |\Phi_R| - |\Phi_A| \tag{2.1}$$

如果 $\Phi_N < 0$ 即 $|\Phi_R| < |\Phi_A|$,则两粒子会聚集在一起形成称为絮凝体的动力学单位,分散体系的稳定性被破坏。相反,若 $\Phi_N > 0$,即 $|\Phi_R| > |\Phi_A|$,那么接近到一定程度的两粒子会重新分开,此过程称为弹性碰撞。DLVO 理论以乳液粒子间相互吸引和相互排斥力为基础,认为乳液稳定取决于粒子间的相互吸引位能和排斥位能的大小。

(1)乳液粒子间的吸引作用。

乳液粒子之间的吸引力是范德华力。假设两粒子体积相等、距离很近时,两球面间距离为 H_0,H_0远小于粒子半径 a,可以近似得到两粒子相互之间的引力位能为:

$$V_A = -\frac{Aa}{12H_0} \tag{2.2}$$

式中:A——Hamaker 常数;

H_0——两粒子面间距离;

a——粒子半径。

(2)乳液粒子间的排斥力。

乳液粒子都带有电荷,相同电荷粒子之间存在着相互排斥力,其大小取决于粒子电荷数目和相互间距离。球形粒子间的斥力位能为:

$$V_R = \frac{64\pi a n_0 kT}{\kappa^2}\gamma^2 \exp\left(-\frac{H_0}{\kappa^{-1}}\right) \tag{2.3}$$

粒子间位能与间距的关系如图2.3所示。

①在粒子间距D很大时,由于两粒子的双电层没有搭接,故只有引力存在。

②曲线中的极大值Φ_{max}对于体系絮凝与否起关键作用,只有当粒子热运动能大于Φ_{max}粒子才有可能跃过此能垒,距离才进一步缩小,发生絮凝;否则,若运动能小于Φ_{max}粒子无力跃过能垒而重新分开,即弹性碰撞。

③粒子对一旦跃过能垒便滑入第一极小值Φ_{min1},此处能量最低,因此是热力学稳定状态,絮凝体结构紧密,不易破坏,这种絮凝称为不可逆絮凝或永久絮凝。

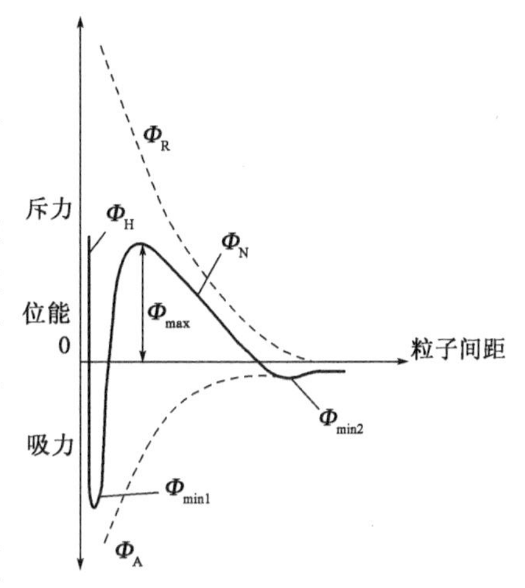

图2.3　粒子间位能与间距的关系

由DLVO理论可知,乳液体系保持稳定应使乳液中的分散粒子表面带有同性电荷,且粒子间的范德华力引力和双电层相互搭接的斥力保持平衡。乳液体系是高度分散的不稳定体系,形成乳状液稳定性常采取以下几方面措施。

(1)添加表面活性剂降低油水间表面张力,相对减小了表面能,提高了体系的稳定性。

(2)增加液珠界面的电荷。乳状液的液珠上所带电荷的来源有:电离、吸附和液珠与介质之间的摩擦,其主要来源是液珠表面上吸附了电离的乳化剂离子,乳状液的液珠带电,液滴相互接近时产生排斥力,从而防止液滴聚结。

(3)提高界面膜的强度。加入表面活性剂后,活性剂必然在界面上发生吸附并形成吸附膜,此膜的存在既降低了油水间的界面张力,又可分散相颗粒起保护作用。界面膜与不溶性表面膜相似,在表面活性剂浓度较低时,吸附的分子少;表面活性剂浓度达到一定程度以后,界面上的分子排列紧密,分子排列愈紧密,吸附膜强度愈大,液珠合并时受到的阻力愈大,形成的乳状液愈稳定。所以,用表面活性剂作乳化剂时,要加入足够量时才有较好的乳化效果。对同一乳化体系,各种乳化剂达到最佳乳化效果所需的量是不相同的,其乳化效果也有所差异,这些性能都与形成界面膜强度有关。

(4)固体粉末的稳定作用。固体粉末与表面活性剂一样,处于液体的界面上,在一定程度上能够起到稳定作用。研究表明,固体在界面上所表现的性质,决定于对水、油的润湿情况,即决定于三个界面的张力:固-水之间的界面张力

$\sigma_{固-水}$、固-油之间界面张力 $\sigma_{固-油}$，以及油-水之间的界面张力 $\sigma_{油-水}$。它们之间有以下三种情况：

①若 $\sigma_{固-油} > \sigma_{固-水} + \sigma_{油-水}$，固体完全处于水中。

②若 $\sigma_{固-水} > \sigma_{固-油} + \sigma_{油-水}$，固体完全处于油中。

③若 $\sigma_{油-水} > \sigma_{固-水} + \sigma_{固-油}$，或三个界面张力中没有一个大于另外二者之和，则固体处于油－水界面间，所以只有第三种情况的固体粉末才能起到稳定乳液的作用。处于界面上的固体粉末的界面张力见下式：

$$\sigma_{固-油} - \sigma_{固-水} = \sigma_{油-水}\cos\theta \tag{2.4}$$

式中：θ——接触角，由上述公式可知，固体对水的润湿程度取决于接触角 θ 。

由此可知，形成稳定乳液的条件是在乳液中添加一定量的表面活性剂，而在乳液中添加一定的量的固体粉末有益于乳液的稳定。因此，YG-1 形成稳定的乳液体系在理论上是可行的。

2.3 微波敏感乳液型沥青再生剂的开发

2.3.1 材料的选择

1）微波敏感乳液型材料

合理选择微波敏感材料对再生剂性能发挥和乳液体系的稳定性是非常重要的。由 2.2 节所述可知，在 YG-1 体系中引入一定量的固体粉末有助于乳液稳定体系的形成。经过比选最终选定某微波吸收粉末 Y，如图 2.4 所示。该材料为黑色粉状，其间有少量的白色粉末，密度为 0.334g/cm^3，不溶于水、不溶于有机溶剂，厚度 1mm 下频率 2GHz 反射损耗为 －15dB，3GHz 反射损耗为 －17dB，具有良好的吸波性能。为进一步了解材料的性能，对微波吸收粉末 Y 进行了成分分析。

图 2.4 微波吸收粉末 Y

（1）与酸碱的反应。

向微波吸收粉末 Y 中加入稀盐酸时发现其中产生大量气泡，与稀盐酸反应放出 H_2，推断该混合物中含有某种可以与酸反应的金属单质。过滤不反应的物质，再向滤液中滴加 NaOH 溶液发现有白色沉淀产生,分析生成某种不溶的碱金属化合物。

(2)XRD 分析(图 2.5)。

从图 2.5 可以看出,微波吸收粉末 Y 的 XRD 谱图特征峰明显,说明其中含有一定量的晶体物质。与标准卡对比发现,其特征峰对应的物质为 ZnO 和 Mg 的晶体,推测该粉末中的白色物质可能是 ZnO 和 Mg 单质。Mg 可以与稀盐酸反应生产气体,并且在碱作用下 $Zn(OH)_2$ 和 $Mg(OH)_2$ 均为白色沉淀,印证了与酸碱反应的试验结果。

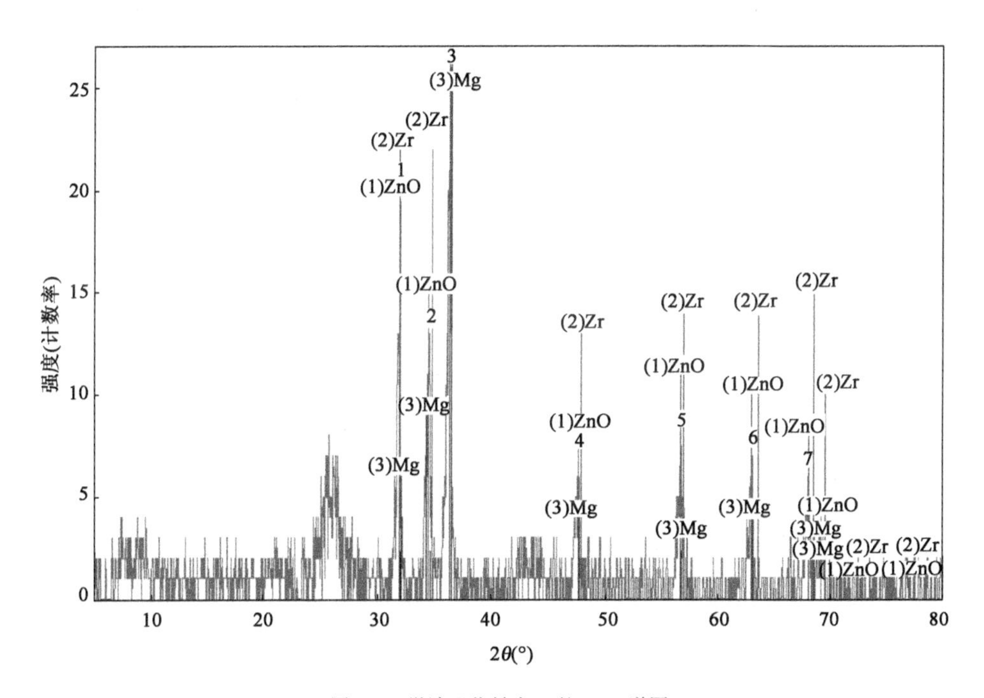

图 2.5 微波吸收粉末 Y 的 XRD 谱图

(3)光电子能谱分析。

通过光电子能谱对该混合料中白色和黑色物质进行元素分析,并且定量分析其含量。

图 2.6 为微波吸收粉末 Y 中白色粉末的电镜照片,可以看出其中金属条形晶型结构。光电子能谱元素图(图 2.7)显示该部分主要为 C、O、Zn 三种元素,其中 C 的质量分数为 54.19%、O 的质量分数为 17.86%、Zn 的质量分数为 27.95%。

微波吸收粉末 Y 中白色物质各元素的含量见表 2.1。

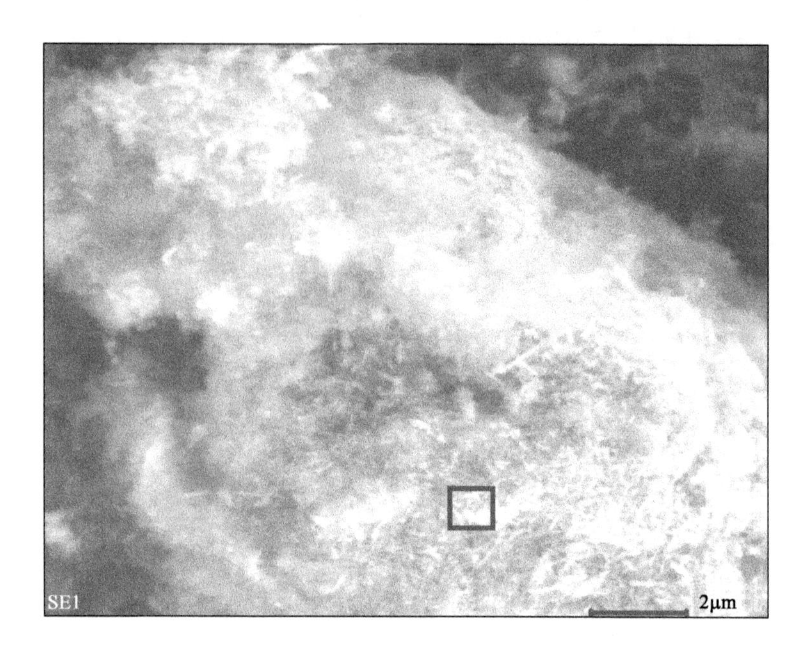

图 2.6　微波吸收粉末 Y 中白色物质电镜照片及选取部位

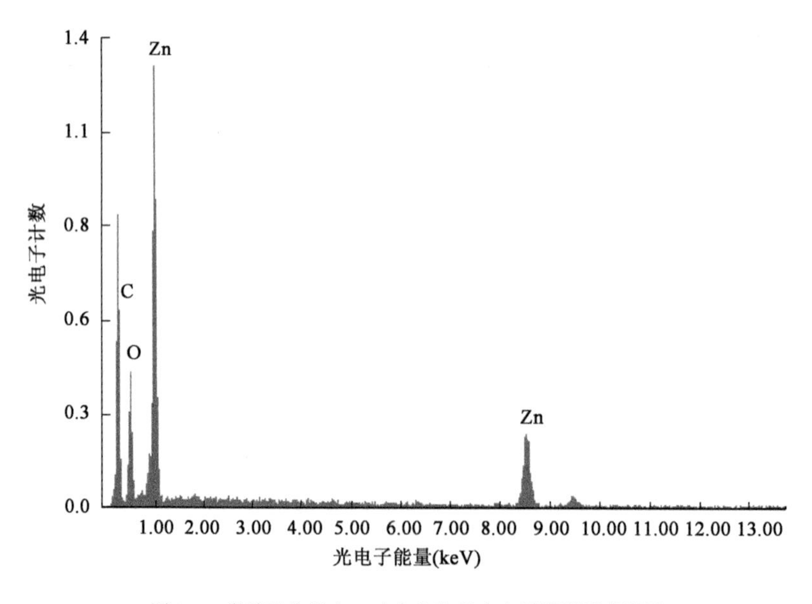

图 2.7　微波吸收粉末 Y 中白色物质光电子能谱元素谱图

微波吸收粉末 Y 中白色物质各元素的含量表　　表 2.1

元　素	质量分数(%)	原子数含量(%)
C	54.19	74.50
O	17.86	18.44
Zn	27.95	7.06

微波吸收粉末 Y 中黑色物质电镜照片及选取部位,如图 2.8 所示。

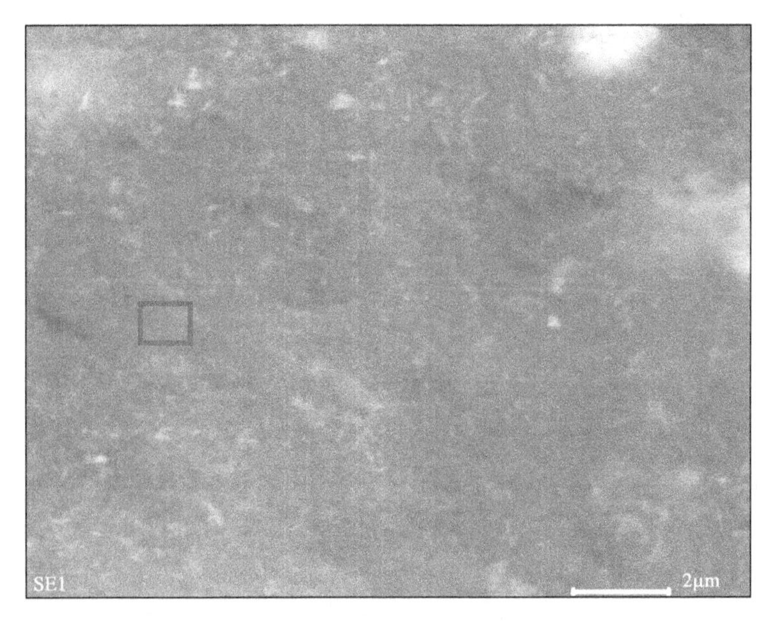

图 2.8　微波吸收粉末 Y 中黑色物质电镜照片及选取部位

微波吸收粉末 Y 中黑色物质光电子能谱元素谱图,如图 2.9 所示。
微波吸收粉末 Y 中黑色物质各元素的含量,见表 2.2。

微波吸收粉末 Y 中黑色物质各元素的含量表　　表 2.2

元　素	质量分数(%)	原子数含量(%)
C	92.14	94.40
O	5.93	4.56
Zn	1.94	1.04

通过光电子能谱黑色物质 90% 以上为碳,可知其中黑色粉末应该为炭黑

粉末。

据此推断,该混合物可能是由以下几种物质组成:炭黑、ZnO、Zn、Mg。

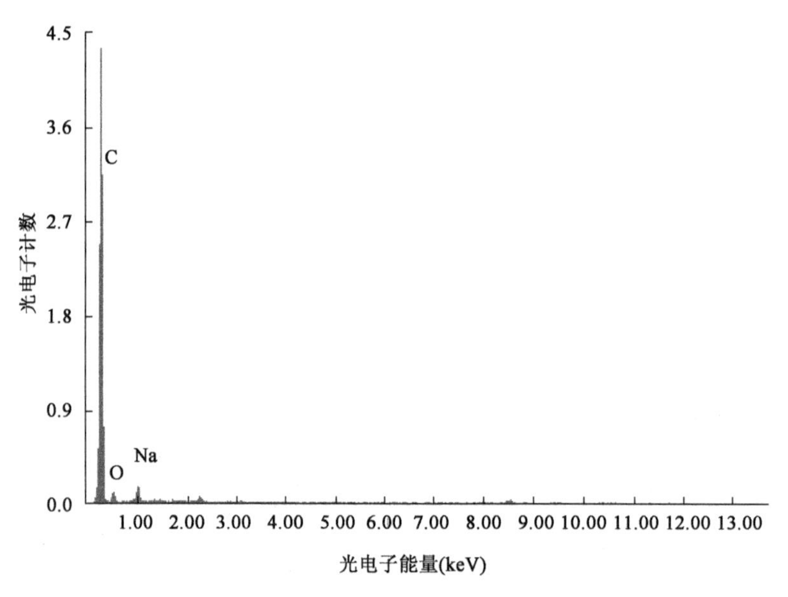

图 2.9　微波吸收粉末 Y 中黑色物质光电子能谱元素谱图

(4)热重分析。

采用热重分析法来确定该混合物是否含有机成分和降解情况。使用方法为:在氮气保护中对该物质进行加热,升温速率为 10℃/min,温度范围从室温到 1000℃(图 2.10)。

从表 2.3 中可以看出,该材料均为无机耐高温材料,900℃时失重仅2.05%,主要是粉末中吸附的一些水分或杂质导致,材料本身并未分解。说明该体系为无机耐热材料不含有易挥发异分解的材料。再结合(1)~(4)分析结果,确定该体系是由 C、ZnO 等物质组成。

微波敏感材料不同温度下热失重状况　　表 2.3

温度(℃)	200	300	400	600	800	900
失重量(%)	0.24	0.75	1.00	1.50	1.78	2.05

2)其他材料的选取

YG-1 其他成分的选取原则及材料如表 2.4 所示。

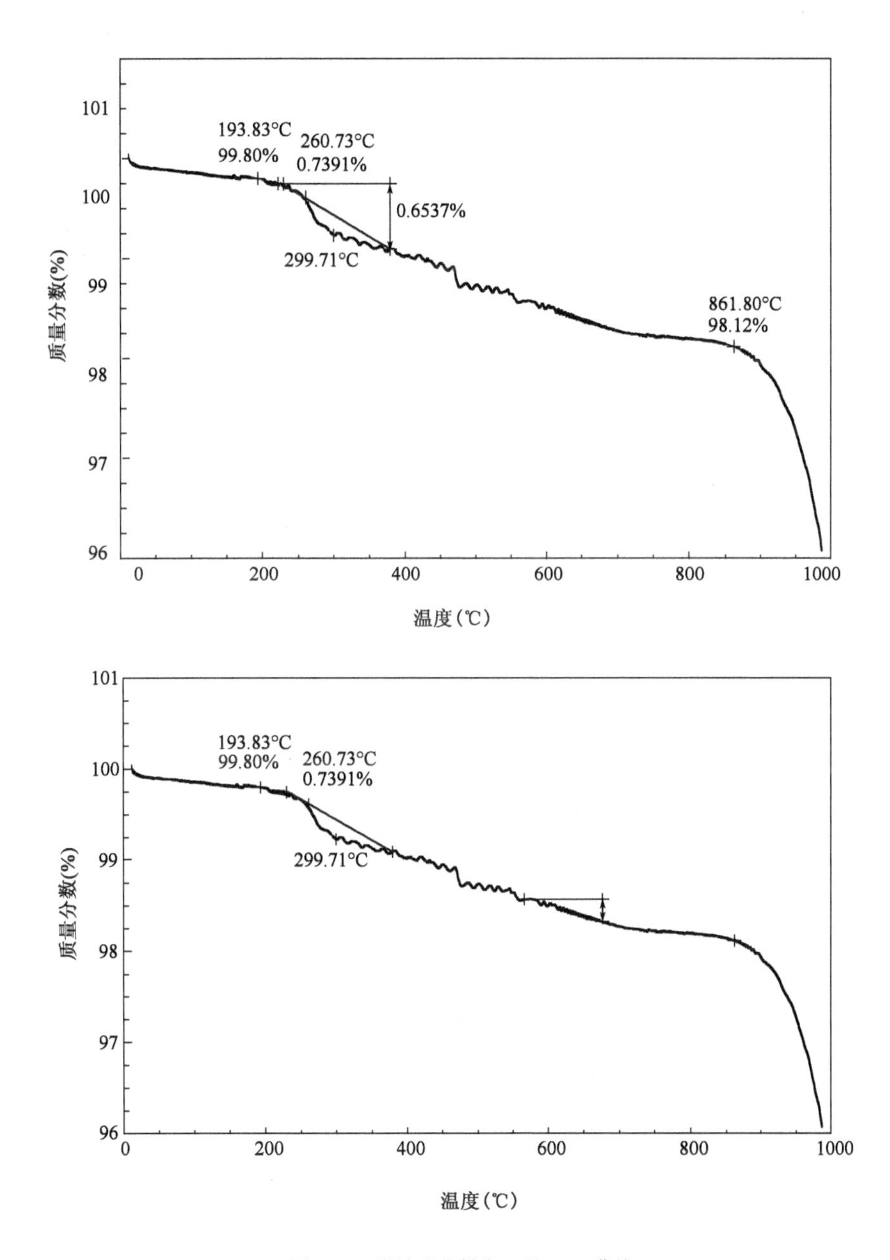

图 2.10　微波吸收粉末 Y 的 TGA 曲线

微波敏感型再生剂的主要组分及功能和选取原则　　表 2.4

组　分	试　剂	功能和选取原则
再生成分	芳香族溶剂油 增塑剂	调节老化沥青组分,恢复沥青性能;选取沥青老化中缺失的芳香分和饱和分含量较高的材料,并要求与老化沥青具有良好的配伍性
乳化剂	脂肪基聚氧乙烯醚衍生物(M80)	将再生成分乳化,降低油水界面的表面张力,增加界面电荷,使再生剂形成稳定的乳液;应选取能够充分软化再生成分的乳化剂
亲润剂	改性支链醇醚乙氧基化合物(K50)	降低体系的表面张力,增加乳液与沥青混合料的亲润性;应选取能够降低乳液表面张力的材料
水	普通饮用水	防止沥青和再生成分发生老化;干净无杂质的水,能够形成稳定的乳液

2.3.2　微波敏感乳液型沥青再生剂各组分比例的确定

本节的主要目的是确定 YG-1 中再生成分和微波吸收粉末 Y 的比例。其他各成分所占比例较低,以乳液稳定为前提,结合各材料的性质,通过试验最终确定的各组分含量为:改性支链醇醚乙氧基化合物(K50)含量为 2%、脂肪基聚氧乙烯醚衍生物(M80)含量为 2%、增塑剂含量为 3%。

1)试验方法

(1)主要试验仪器。

针入度仪、微波合成仪(图 2.11)。

(2)试验材料。

试验材料如表 2.4 所示。

(3)试验方案。

衡量 YG-1 配方的优劣,除了乳液稳定性以外,其在沥青中的渗透性是重要指标之一。YG-1 的渗透性能越好,表层的沥青越软,针入度也就越大。本节通过针入度指标,间接研究了微波作用于不同配比 YG-1 时,YG-1 在老化沥青中的渗透深度,以确定 YG-1 的最优配方。由于针入度测试所用的试模为金属材质,放入微波中影响测试结果,所以本试验采用 100mL 小烧杯代替针入度试模进行试验,对比 100mL 小烧杯和针入度试模中的试验数

图 2.11　微波合成仪

据,发现二者测得的针入度值相差较小,误差可忽略不计。

(4)试验步骤。

①老化沥青的制备。

本节采用SK90沥青进行RTFOT短期老化,依据《公路工程沥青及沥青混合料试验规程》(JTG E20—2011)中沥青旋转薄膜加热试验(T0610—2011)进行老化沥青的制备,老化前后的指标如表2.5所示。

SK90老化前后的三大指标 表2.5

沥青SK90	25℃针入度(0.1mm)	软化点(℃)	10℃延度(cm)
原样沥青	88.0	46.3	48.1
RTFOT短期老化	55.3	51.2	13.6

②称量老化沥青80g加入100mL的玻璃烧杯中冷却到室温备用,如图2.12所示。

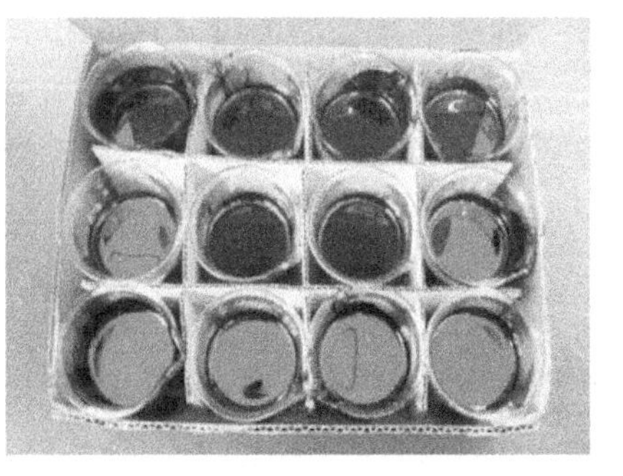

图2.12 RTFOT短期老化沥青试样

③选用不同配比的YG-1 10g,分别加到制备好的沥青中。

④将添加YG-1的烧杯放入试验室微波合成仪中。

⑤将微波炉的功率设定为500W,作用1min后取出。

⑥取出的试样在室温下自然冷却,每隔1.5min进行针入度测试,到7.5min时停止。

⑦静置试样2h,待完全冷却后测量25℃针入度值。

2)再生成分与水比例的确定

试验采用三组配比,比例分别为60∶30、55∶35、50∶40(记作:R60/W30、R55/W35、R50/W40)。试验结果如图2.13、图2.14所示。

从图2.13可以看出,500W微波作用1min后,加入三组不同配比YG-1的老化沥青试样均出现针入度先增大后减小的现象,R55/W35的持续软化效果最好,软化现象延续到6min,而其他两组的持续软化现象在3min左右停止。分析针入度先增大后减小的主要原因是YG-1在微波作用后残留温度较高,而沥青对微波的作用不敏感,温度几乎没有变化,随着时间的推移再生剂的热量向沥青传递,使老化沥青上层的温度升高,黏度降低,因此产生针入度值变大的现象;随着时间的增加,YG-1 和老化沥青的温度逐渐降低,沥青黏度增加,表现为针入度值增加。

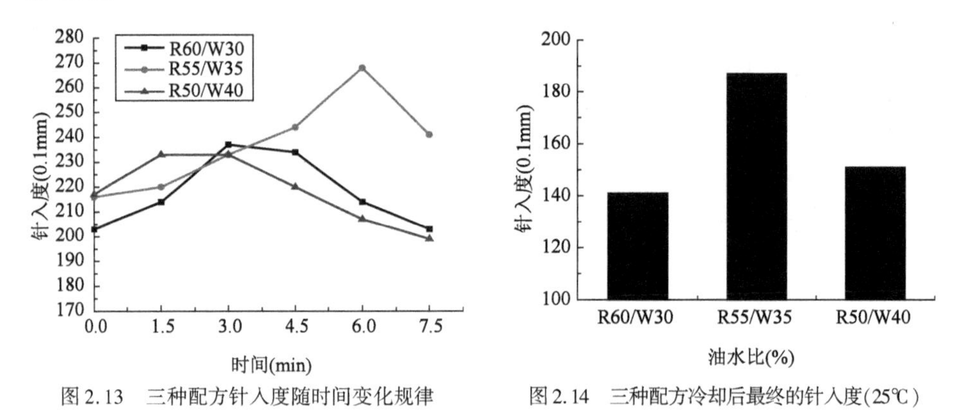

图 2.13 三种配方针入度随时间变化规律

图 2.14 三种配方冷却后最终的针入度(25℃)

在整个测试过程中, R60/W30、R50/W40 针入度最大值为 230 ~ 240,而 R55/W35 的最大值达到 270。三组试样静置 2h,完全冷却后测试 25℃ 的针入度,结果如图 2.14 所示,R55/W35 试样的针入度达到了 191,明显高于 R60/W30(141)和 R50/W40(147)。

试验结果表明,YG-1 中再生成分与水的比例对渗入深度有较大影响,再生成分含量存在最佳值。分析产生上述结果的原因是,在微波作用下 YG-1 温度迅速升高,通过热传导作用,老化沥青与 YG-1 接触面的温度也迅速升高,接触面处沥青与 YG-1 中的再生成分融合。YG-1 中的微波吸收粉末 Y 在微波作用下温度迅速升高,YG-1 中与其接触的水在高温的作用下发生汽化,在乳液内部产生"微爆"现象。发生在老化沥青和再生剂接触面上的"微爆"冲开软化后的沥青实现内部的老化沥青与 YG-1 的进一步融合。在整个融合过程中,再生成分与水的比例高于最佳值时,水的汽化量小,冲开接触面处软化的沥青的动力不足,降低了 YG-1 与老化沥青的融合效果;再生成分与水的比例低于最佳值时,再生剂中的再生成分不足,融合后的沥青黏度相对较大,水汽化产生的冲力不足以冲开软化后的沥青,同样降低了 YG-1 与老化沥青的融合效果。依据试验结果,最终确定 YG-1 中再生成分与水的比例为 55:35。

3)微波敏感发热材料用量的确定

试验采用三种不同微波敏感型发热材料含量,纳米发热粉的含量分别为 1.5%、3.0%、4.5%(记作:N1.5、N3.0、N4.5),乳液中水的含量做相应增减,其他成分比例不变,试验结果如图 2.15、图 2.16 所示。

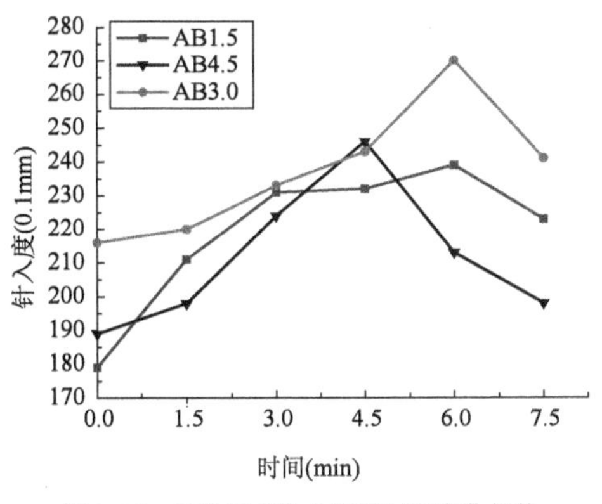

图2.15　三种配方针入度随时间变化规律

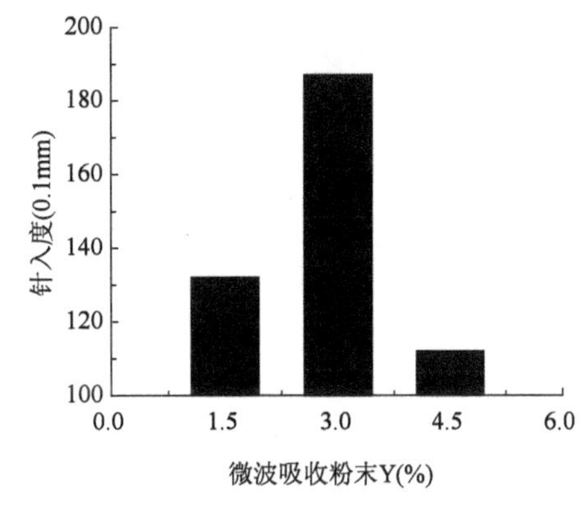

图2.16　三种配方冷却后最终的针入度(25℃)

图2.15是不同微波吸收粉末Y的再生剂在500W微波作用下1min后7.5min内的针入度的变化情况。比较三组数据可以看出,N3.0要比其他两组的软化效果好。分析原因,是由于微波吸收粉末Y在YG-1中起到迅速提升温度,使YG-1中的水汽化,引起“微爆”现象的作用。当微波敏感发热材料过多时,水的汽化作用过于剧烈,导致发生在YG-1与老化沥青接触面的热传导时间过短,再生剂与老化沥青的融合效果差,接触面处的沥青黏度较高,“微爆”作用不足以冲开软化后的老化沥青,同时过多的微波敏感发热材料在微波作用时导致YG-1飞溅,并不能很好地进行软化、渗透;当微波吸收粉末Y过少时,水的汽化动力弱,“微爆”量不足以使YG-1与老化沥青充分融合。依据试验结果,最终确定YG-1中微波吸收粉末Y的用量为3.0%。

通过分析上述两组试验,最终确定了YG-1中各成分的最佳用量,如表2.6所示。

微波敏感型再生剂YG-1的最终配方　　表2.6

组　分	具体成分	含量(%)
再生组分	芳香族溶剂油	55.0
	增塑剂	3.0
乳化剂	脂肪基聚氧乙烯醚衍生物(M80)	2.0
亲润剂	改性支链醇醚乙氧基化合物(K50)	2.0
微波吸收粉末Y	碳、氧化锌等	3.0
水	普通饮用水	35.0

2.4 微波敏感乳液型沥青再生剂的基本性能测试

2.4.1 外观及微观形态观测

本节通过目测和光学显微镜观测两种手段,分别观察了 YG-1 的宏观和微观形态。

1)宏观形态

将 YG-1 置于试管中观察,YG-1 为土黄色,无分层,无沉淀,分布均一的不透明乳液,如图 2.17 所示;观察 YG-1 液面,无颗粒无结团,如图 2.18 所示。YG-1 在宏观上表现为各组分均匀分布。

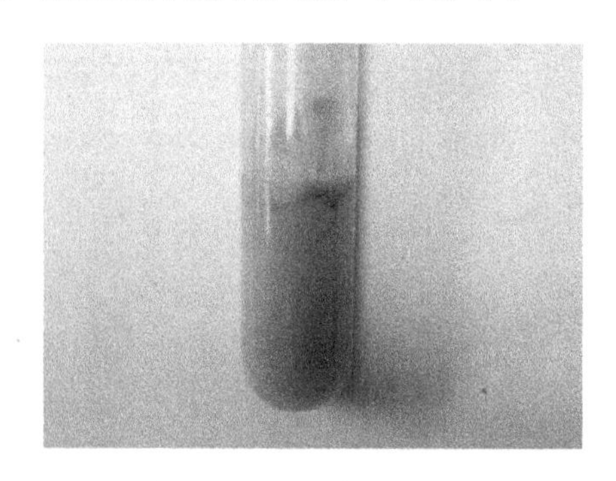

图 2.17 置于试管中的 YG-1

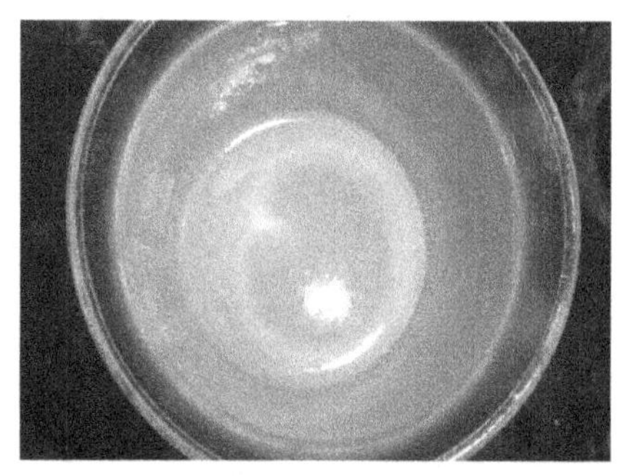

图 2.18 YG-1 液面形态

2)微观形态

采用光学显微镜分别放大 100 倍和 1000 倍,观察到的 YG-1 的微观形态如图 2.19、图 2.20 所示。可以看出,YG-1 的各组分在微观上分布并不均匀,部分组分存在聚团现象,并呈现岛状分布的特点。

2.4.2 电磁特性分析

YG-1 由多种材料复配而成,其中包含有机再生成分、微波吸收粉末 Y、水等,电磁特性复杂,采用常规的开放环境测试系统误差较难处理,因此本节选用了如图 2.21 所示的自由空间法进行测试。测试系统整体等效为双端口网络,测量过程是将矢量网络分析仪的测量端口与喇叭天线连接,通过矢量网络分析仪测量置于喇叭天线中间的 YG-1 的反射参数和传输参数,然后利用相应的计算得到被测材料的介电常数。

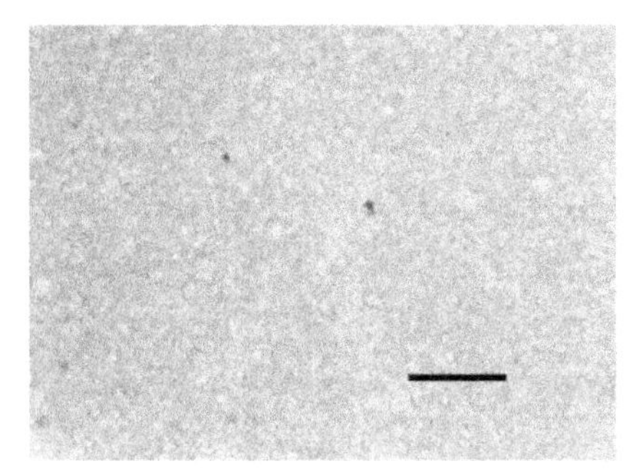

图 2.19　放大 100 倍后 YG-1 的微观形态

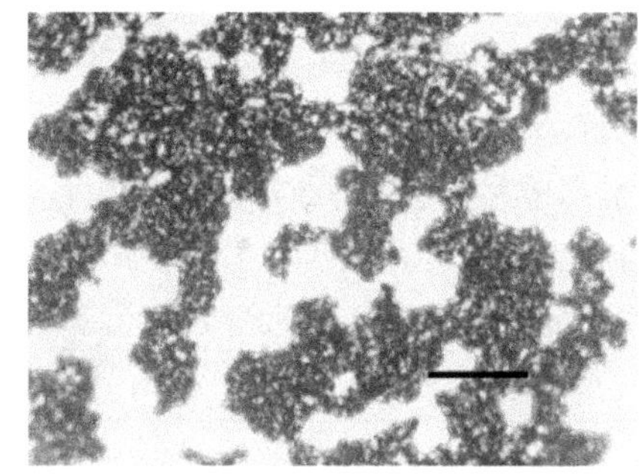

图 2.20　放大 1000 倍后 YG-1 的分布形态

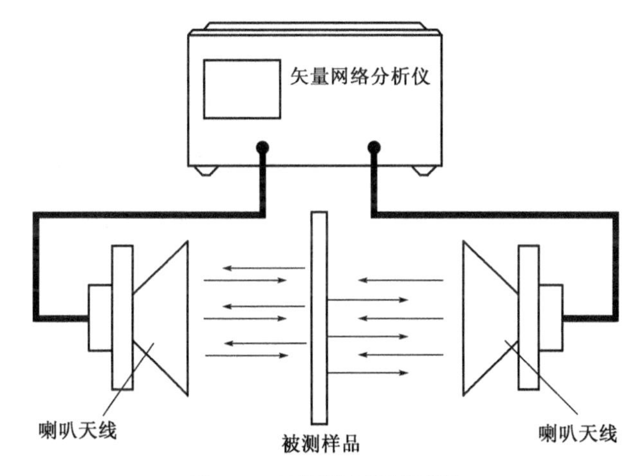

图 2.21　材料测试系统示意图

通过矢量网络分析仪，测得 YG-1 的电参数为 $\varepsilon_r=64.04\text{F/m}$、$\tan\delta=0.493$。根据微波发热理论，在微波作用下单位时间内单位体积介质所产生的热量 P 符合公式(2.5)，相较沥青混合料($\varepsilon_r=5.0\text{F/m}$、$\tan\delta=0.034$)，可知 YG-1 的微波发热及吸收能力极强。

$$P=2\pi\varepsilon_o\varepsilon_r\tan\delta f E^2 \tag{2.5}$$

式中：$\tan\delta$——介质的损耗角正切；

ε_o——真空介电常数($8.854\times10^{-12}\text{F/m}$)；

ε_r——测试材料介电常数(F/m)；

f——微波频率(Hz)；

E——电场强度(N/C)。

2.4.3 其他理化参数的测定

YG-1 是由多种成分复配而成的沥青再生剂乳液,具有乳液和再生剂的双重特性,本节参照《公路沥青路面再生技术规范》(JTG/T 5521—2019)、《公路沥青路面施工技术规范》(JTG F40—2004)中对再生剂和乳化沥青的相关技术要求,对其中部分适用 YG-1 的指标进行了测试,测试结果如表 2.7 所示。

YG-1 再生剂参数测试结果 表 2.7

试 验 项 目	单位	测 试 结 果	试 验 方 法
破乳速度	—	慢裂	T 0658
粒子电荷	—	非离子	T 0653
筛上残留物(1.18mm 筛)	%	0.02	T 0652
恩格拉黏度	—	6.20	T 0622
蒸发残留分含量	%	63.4	T 0651
残留物溶解度	%	83.9	T 0607
残留物针入度(25℃)	0.1mm	277	T 0604
残留物延度(15℃)	cm	21.0	T 0605
残留物闪点	℃	233	T 0633
残留物薄膜烘箱试验前后质量变化	%	2.7	T 0610
常温储存稳定性(1d / 5d)	%	0.3 / 0.8	T 0655

由测试结果可知,YG-1 为非离子慢裂型沥青再生剂乳液,乳液乳化效果、储存稳定性满足规范对乳化沥青的要求;YG-1 蒸发残留物即再生成分满足规范对沥青再生剂的指标要求。

2.5 本章小结

本章通过分析 YG-1 技术特点,确定了 YG-1 的开发思路,并通过乳液稳定理论对开发思路进行了分析,从理论上证明了思路的可行性。通过 YG-1 在沥青中的渗透试验确定了 YG-1 的最终配方,并对其微观形态和电磁特性等理化指标进行了测试。得出的主要结论如下:

(1)分析 YG-1 的技术特性,得出 YG-1 应具备较好的微波敏感性、较强的渗透性、良好老化沥青再生能力和快速软化沥青路面的能力。对应于 YG-1 应具备的性能,对 YG-1 中复配的成分进行比选,最终确定了 YG-1 中的成分包括再生成分、微波吸收粉末 Y、乳化剂、亲润剂、水。

(2)通过针入度试验间接测定了不同配比 YG-1 在沥青中的渗透能力,选择渗透效果最佳的配比作为 YG-1 的最终配比。最终确定的 YG-1 配比为:再生成分: 微波吸收粉末 Y: 乳化剂: 亲润剂: 水的比例为:58: 3.0: 2.0: 2.0: 35。

(3)对最终配方的 YG-1 进行形态和理化特性测试,得出 YG-1 是一种具有极强微波敏感性的非离子慢裂型沥青再生剂乳液,其各项指标满足现行再生剂技术标准。

第3章　混合料软化影响因素及机理分析

本章通过沥青混合料软化试验，对 YG-1 的沥青混合料软化效果进行了验证，并对影响软化效果的微波作用方式、YG-1 用量、沥青混合料空隙率等因素进行了分析，建立了各影响因素与混合料软化效果之间的关系。通过 COMSOL MULTIPHYSICS 软件的数值分析结合室内试验现象，对 YG-1 的软化机理进行了阐述。

3.1　沥青混合料的软化试验

3.1.1　室内混合料软化试验

1）微波功率的确定

为使软化效果最佳，在试验前对 YG-1 发挥作用的最佳功率进行试验，研究采用的试验方法同 2.3.2 节所述。试验功率为 100W、300W、500W、700W、900W，对 YG-1 在不同功率下的渗透效果进行分析，选出最佳功率。试验结果如图 3.1 和图 3.2 所示。

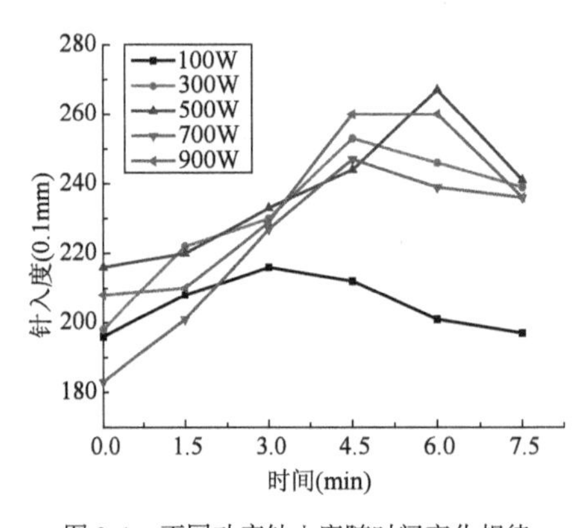

图 3.1　不同功率针入度随时间变化规律

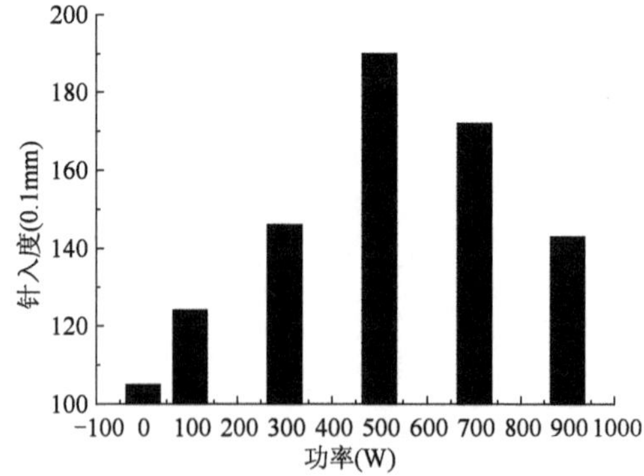

图 3.2　不同功率试样冷却后针入度(25℃)

图3.1是试样在不同微波功率下加热1min后针入度随时间的变化曲线，由图可知，渗透效果随着功率的增加而变好，当微波作用刚结束时，500W功率软化效果最好，其次是900W，700W和300W软化效果接近，100W的软化效果最差。静置到室温后测得25℃针入度值如图3.2所示，同样为500W功率的渗透效果最佳。最终选取500W作为软化效果验证功率。

2）沥青混合料切片的软化试验

为了验证YG-1的软化效果，本节试验将旋转压实成型的沥青混合料试件（AC-13）切成1.5cm的薄片，将切片中心部分表面涂抹一定量的YG-1放入微波合成仪中，如图3.3所示。将微波合成仪的功率调整到500W，加热2min后取出效果如图3.4所示。

图3.3　部分涂抹YG-1的沥青混合料切片

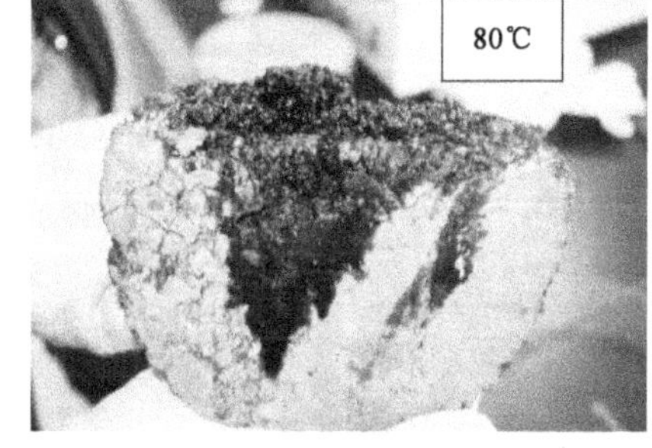

图3.4　微波作用后的效果

涂抹YG-1的试件在2min内完全软化，由图3.4可以看出YG-1完全穿透了切片，并且扩大了软化范围，说明YG-1在混合料内部渗透效果明显，能够很好地软化混合料试样。经测量软化后的混合料温度达到了80℃。作为对比试验的混合料切片，同样试验条件下，测量表面温度由原来的室温17℃升到30℃，取出后混合料依然坚硬，并没有软化迹象。

3）旋转压实试件软化试验

为进一步验证YG-1的软化效果，本节利用旋转压实的混合料试件进行了2组试验。第1组试验是将试件的侧面切出一个断面，用于观察YG-1渗透到混合料内部后混合料的状态，同时观察其渗透深度。同时，为减少试件表面构造深度等对YG-1渗透深度的影响，试验时将表面切除1cm，试验前清洗干净，充分干燥。试验时在上表面部分区域涂抹YG-1，如图3.5所示。将微波合成仪功率设定为500W，制备好的试件放入其中5min后取出，试样如图3.6～图3.8所示。从图中可以看出，在微波作用结束后，YG-1在混合料的渗透深度约3cm，可以明显地观察到下渗区域内的混合料发生松动,部分混合料出现鼓起的现象。在涂抹 YG-1 的上表面出现了很多小孔。

图 3.5 涂抹 YG-1 的沥青混合料试件

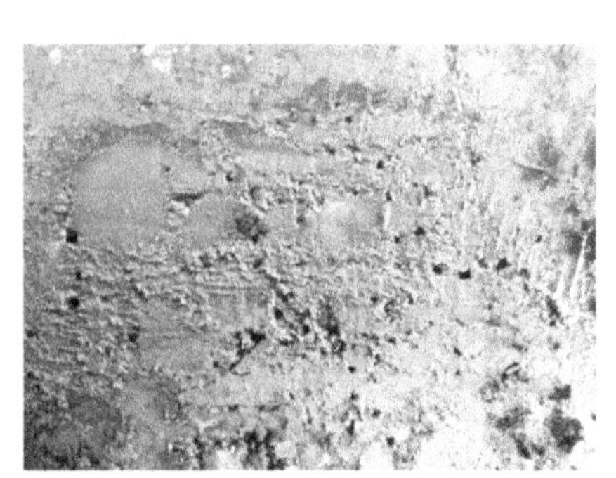

图 3.6 微波作用后混合料试件表面

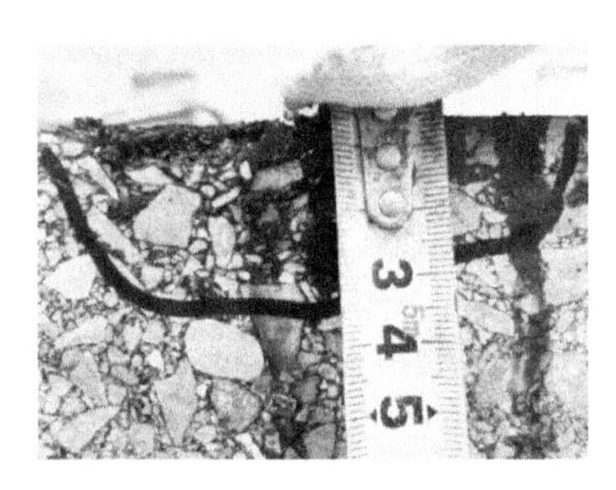

图 3.7 微波作用后混合料的软化深度

图 3.8 微波作用后混合料的侧面

第 2 组试验将旋转压实试件上表面切除 1cm,在切除的表面的中间开凿一个直径约为 4cm、深度约为 2cm 的小洞,试验前清洗干净,充分干燥。试验时将一定量的 YG-1 倒入成型好的小洞中,如图 3.9 所示。将微波合成仪中功率设定为 500W,制备好的试件放入其中 5min 后取出,将软化的沥青混合料清理干净后,测量扩大后的空洞尺寸,如图 3.10 所示。试件的小洞由原来的直径 4cm 扩大到直径 10cm 左右,深度由原来的 2cm 扩大的深度 5cm 左右。

从以上 2 组试验可以得出,YG-1 在微波的作用下能够实现在沥青混合料的快速软化。

3.1.2 沥青混合料微波加热车软化车辙板试验

本节利用 LWX－300Ⅱ型沥青混合料微波车软化废旧车辙板的试验进一步验证 YG-1 软化混合料的效果。试验过程示意如图 3.11 所示。

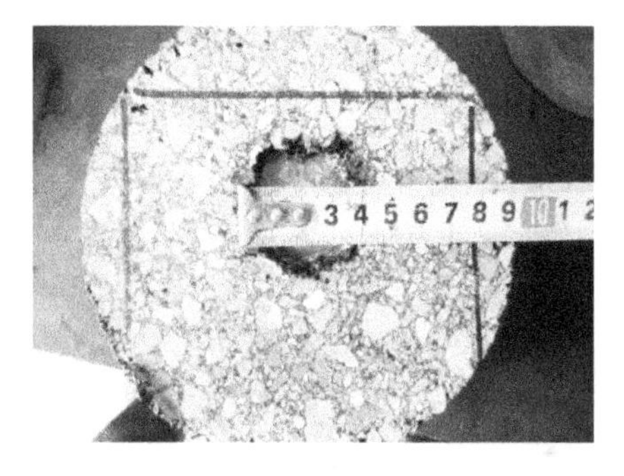

图 3.9 中间开孔的试件

图 3.10 试验完成取出后的试样

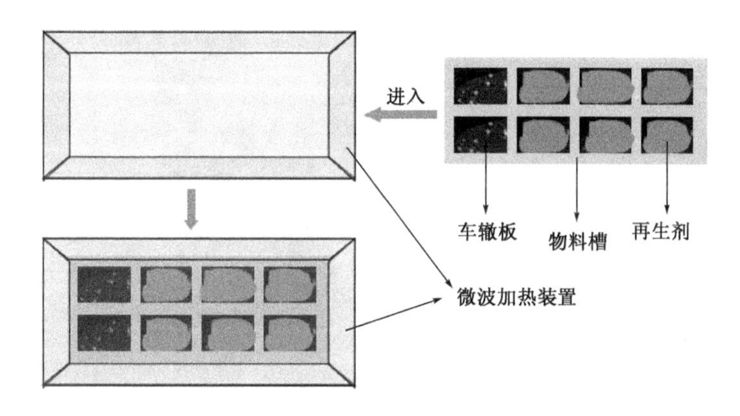

图 3.11 微波车软化废旧车辙板的试验示意图

本节试验步骤如下:

(1)每组试验准备 8 块车辙板试件,清理车辙板表面,保证表面无污染。

(2)在其中 6 块车辙板上表面涂抹 YG-1,涂抹量为 0.8kg/m^2,另外两块不涂抹 YG-1,做对比试验。

(3)将试件放入微波加热箱体加热 5min。

(4)取出加热后的车辙板,观察车辙板的软化程度。

试验后的车辙板如图 3.12 所示。

由图 3.12 可知,涂抹 YG-1 的车辙板试件在微波车作用 5min 后软化效果明显,部分车辙板出现完全松散;微波作用后的车辙板表面出现细小的孔洞,与 3.1.1节中 3)的试验现象相同;掰开微波作用后的车辙板,可以明显观察到YG-1 渗透的痕迹;未涂抹 YG-1 的车辙板没有出现混合料软化的迹象。

a)表面充满孔洞的试件

b)微波作用后部分试件整体松散

c)YG-1渗透痕迹

d)未发生软化的完整空白试样

图 3.12　沥青混合料微波车软化废旧车辙板试验结果

3.2　微波敏感乳液型沥青再生剂软化效果影响因素分析

3.2.1　微波作用方式对软化效果的影响

YG-1 软化沥青混合料需在微波环境下进行,微波作用方式对其软化混合料的效果至关重要。本节通过自行设计的混合料软化试验,研究微波功率 P 和作用时间 t,对混合料软化效果的影响规律,建立了软化效果与微波功率 P 和作用时间 t 关系式。

1)沥青混合料软化试验方法

沥青混合料软化试验步骤如下:

(1)成型相同配比马歇尔试件 16 组,每组 4 个。本节试验选用的混合料类型为 AC－13。

(2)将成型好的混合料试件一面涂抹 YG-1,本节试验 YG-1 用量为 6.5g/试件(约合 0.8kg/m^2),如图 3.13 所示。

(3)将涂抹 YG-1 的试件放入功率可调的微波合成仪中进行试验,如图 3.14 所示。

图 3.13 涂抹 YG-1 的马歇尔试件

图 3.14 试验中的微波合成仪

(4)将微波作用后的马歇尔试件置于 0.5m 的高度,涂抹 YG-1 的面朝下,让其自由下落到硬质地面上,同一试件重复 3 次,确保松动的集料脱落。试验后马歇尔试件如图 3.15 所示。

图 3.15 试验后的马歇尔试件

(5)称量散落的集料质量 m_s,计算散落质量 m_s 与原马歇尔试件质量 m_o 的比值,记为 $W_i = m_s / m_o \times 100\%$。

(6)计算每组 4 个试件 W_i 的平均值,记作质量损失 W_p。

(7)通过质量损失 W_p 来评价混合料的软化效果,W_p 越大,混合料的软化效果越好。

2)试验条件及结果分析

本节试验采用功率 P 为 100W、300W、500W、700W,作用时间 t 为 1min、3min、5min、7min 进行混合料的软化试验。对试验结果进行拟合,建立质量损失 W_p 与微波功率 P 和时间 t 的关系式,如式(3.1)所示。

$$W_p = \frac{-10.33 + 1.54t + 0.06P - 9.87 \times 10^{-5} P^2 + 3.99 \times 10^{-8} P^3}{1 - 0.18t + 0.03t^2 - 1.23 \times 10^{-3} t^3 - 1.93 \times 10^{-3} P + 1.99 \times 10^{-6} P^2} \tag{3.1}$$

式(3.1)方差 $R^2 = 0.9979$,说明质量损失 W_p 与时间 t 和功率 P 有很好的相关性。质量损失 W_p 随时间 t 和功率 P 的变化规律如图 3.16 ~ 图 3.18 所示。

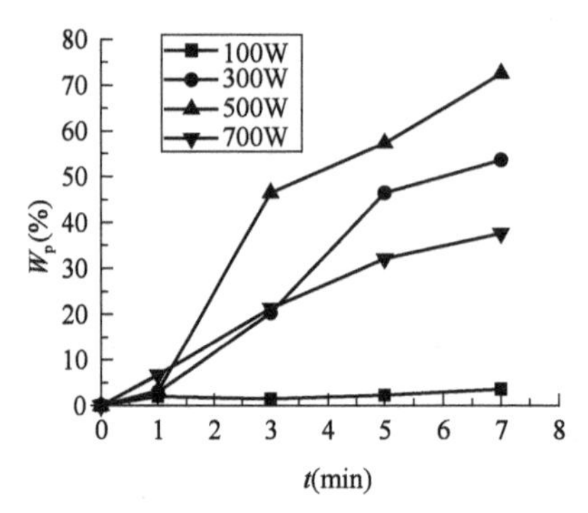

图 3.16 质量损失 W_p 随时间 t 的变化规律

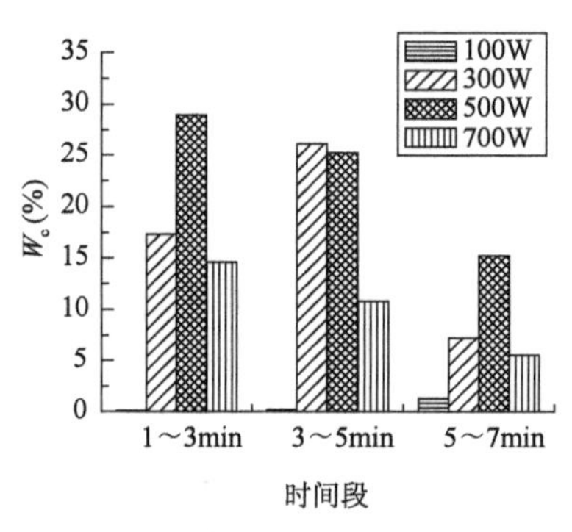

图 3.17 不同时间段质量损失差值 W_c

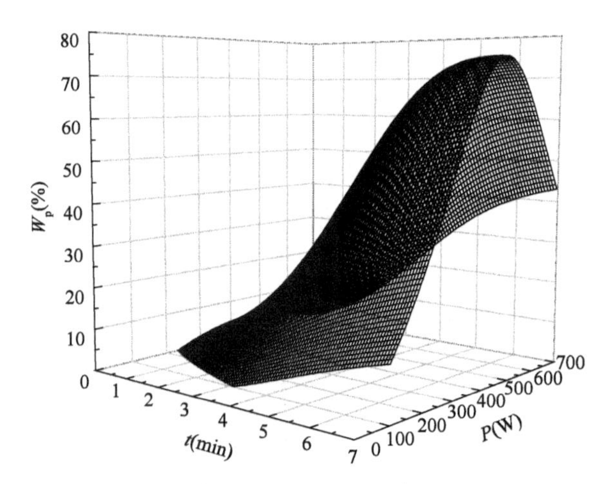

图 3.18 质量损失 W_p 随时间 t 和功率 P 的变化规律

由图 3.16 可知,功率相同的情况下,混合料质量损失 W_p 随着时间的增加而逐渐增加。试验 7min 后, W_p 由大到小的作用功率依次为 500W > 300W > 700W > 100W。由图 3.17 可知,不同功率在不同时间段的质量损失差 W_c 不同,当功率为 100W 时, W_c 在各时段几乎为零;当功率为 300W 时, W_c 呈现先增后减的现象, W_c 最大值出现在 3 ~ 5min 时段;功率为 500W 和 700W 时, W_c 都呈现出递减的现象, W_c 最大值出现在 1 ~ 3min 时段,但各时段的 W_c 均为 500W > 700W。分析可知,沥青混合料的软化效果并未随着功率的增大而增大,当功率值大于或小于一定值时,软化效果都不好,功率存在最佳值。

分析上述现象，是由于 YG-1 软化混合料关键在于“微爆扩孔”作用，即YG-1中的微波敏感材料在微波的作用下急剧升温，当其温度高于某值时，其周边的水发生瞬间汽化，在微小密闭的空间发生“微爆”现象，在“微爆”力的作用下，冲开软化后的沥青使 YG-1 继续渗透到混合料内部，实现混合料的进一步软化。在微波的作用下，“微爆扩孔”作用持续进行，W_p 随着时间的增加而增加。当功率过低时(如 100W)，微波敏感材料吸收能力过低，不足以支撑“微爆扩孔”现象大范围发生，产生了试验中混合料未软化的现象；当功率较低时(如 300W)，微波敏感材料吸收能量不足，“微爆扩孔”作用发生较慢，随着微波作用时间延长，能量集聚，“微爆扩孔”作用才大量发生，因此出现了质量损失差 W_c 先增大后减小的现象；当功率恰当时(如 500W)，微波敏感材料吸收能量恰好支持足量“微爆扩孔”作用的发生，YG-1 渗透得以保证，随着时间的延长，YG-1 逐渐消耗，软化作用减弱，因此出现了质量损失差 W_c 先大后小的现象。当功率过高时(如 700W)，微波敏感材料在短时间内吸收大量能量，温度升高过快，“微爆”在 YG-1 未充分渗透到混合料内部时已经发生，因此没有起到很好的“扩孔”作用，影响了其对混合料的软化效果。

3.2.2 微波敏感乳液型沥青再生剂用量对软化效果的影响

本节采用与 3.2.1 节相同的试验方法，选取 3.2.1 节试验过程中软化效果较好的试验条件，即微波作用功率 P 为 500W 和时间 t 为 5min。YG-1 的用量 l 取值分别为 0.5kg/m²、0.7kg/m²、0.9kg/m²、1.1kg/m²、1.3 kg/m²，试验结果如图 3.2 所示。对质量损失 W_p 和 YG-1 用量 l 进行相关性分析，二者关系式如式(3.2)所示。

$$W_p = -31.94 + 163.01l - 68.04l^2 \tag{3.2}$$

关系式的 $R^2 = 0.9746$，质量损失 W_p 和 YG-1 用量 l 具有较好的相关性(图 3.19)。

对式(3.2)中 W_p 进行求导，即可得到质量损失增率 S_z 与 YG-1 用量 l 的关系式，如式(3.3)所示。

$$S_z = \dot{W}_p = 163.01 - 136.8l \tag{3.3}$$

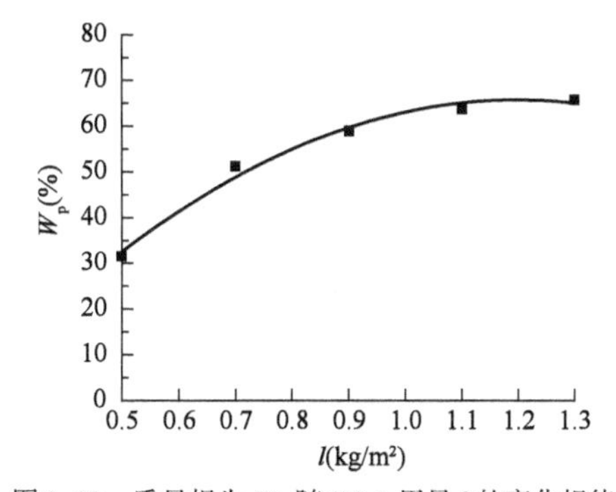

图 3.19 质量损失 W_p 随 YG-1 用量 l 的变化规律

由试验结果可知,随着 YG-1 用量 l 的增加, W_p 增大,混合料的软化效果变好,但当用量超过 1.1kg/m^2 时,软化效果增加不明显, W_p 出现下降趋势,由式(3.2)可知 l 存在最佳值。由式(3.3)可知,质量损失增加率 S_z 与 YG-1 用量 l 成反比,即单位用量的 YG-1 软化效果随着用量的增加而逐渐降低。可以得出结论,虽然增加 YG-1 用量可以在一定程度上改善沥青混合料的软化效果,但当用量 l 达到某一值后,对软化混合料效果提高将变得不明显,出现降低的趋势;在一定范围内,随着 YG-1 用量的增大,单位用量的 YG-1 对沥青混合料的软化效果降低。

这是由于在混合料软化过程中,YG-1 用量增加,能够保证足量 YG-1 渗透入混合料内部,为"微爆扩孔"作用提供充足的原料。但当用量 l 达到一定量后,"微爆扩孔"作用达到极限值,再增加用量对混合料的渗透软化效果增加不明显。

3.2.3 混合料空隙率对软化效果的影响

本节对不同空隙率的混合料进行软化试验,研究混合料空隙率对软化效果的影响规律。软化试验方法同 2.1 节,试验条件为微波功率 P 为 500W、作用时间 t 为 5min、YG-1 用量 l 为 0.8kg/m^2。试验选择不同级配类型的三种混合料,分别为 SMA-16、AC-16、OGFC-20,成型后测量空隙率,结果如表 3.1 所示。软化试验结果见图 3.20。

不同类型混合料的空隙率 表 3.1

混合料类型	SMA-16	AC-16	OGFC-20
空隙率(%)	4.7	5.0	19.3

由图 3.21 可知,混合料的空隙率对 YG-1 的软化效果影响大。空隙率为 19.3% 的 OGFC-20,实现了混合料的完全软化,如图 3.21 所示;空隙率为 5.0% 的 AC-16,达到了 57.5%,空隙率为 4.7% 的 SMA-16,为 23.4%。由试验结果可知,混合料的空隙率越大软化效果越好。同时发现混合料的级配类型对软化效果也具有较大的影响,空隙率接近的 SMA-16 和 AC-16 两种混合料,分别为 23.4% 和 57.5%,软化效果相差近 2.5 倍。

这是由于 YG-1 发挥作用的前提是"通道渗透"作用,即要求混合料有一定的连通空隙确保 YG-1 能够渗透到混合料内部,较大的空隙率利于 YG-1 的"通道渗透"作用。因此出现混合料软化效果随着空隙率增大而增大的现象。同时混合料的软化效果与级配类型有关,空隙率接近的 AC-16 的软化效果明显于

SMA-16,其原因是SMA型混合料中集料的嵌挤作用相较AC更为突出,在沥青黏度降低的情况下,依然表现出较好强度。

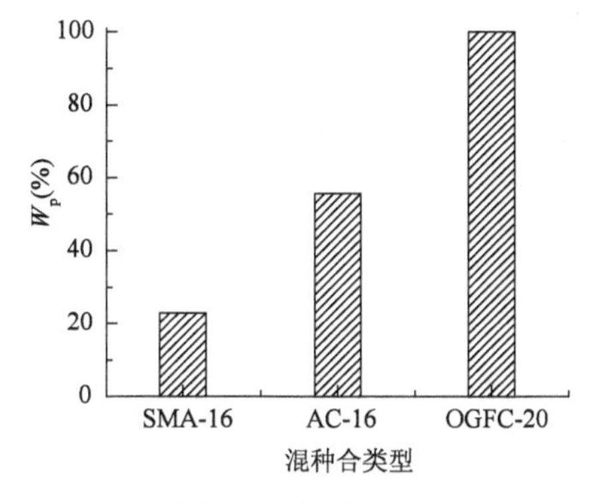

图3.20 不同混合料类型的质量损失(W_p)

图3.21 OGFC-20软化效果

3.2.4 集料类型对软化效果的影响

不同类型集料对微波的敏感度不同,本节拟通过混合料软化试验分析集料对微波的敏感性是否会对混合料的软化效果产生影响。试验采用相同级配不同集料制备马歇尔试件,软化混合料试验方法同3.2.1节,试验条件微波功率P为500W,微波作用时间t为5min,YG-1用量为l为0.8kg/m^2,集料选用微波敏感性不同的三种集料类型分别为:玄武岩、石灰岩和闪长岩,逐档筛分回配成相同的级配,试件的级配类型选用AC-13。

对三种材料集料的升温速率进行测试,测试方法如下:

(1)选择相同粒径、相同质量的三种集料各500g,洗净烘干后放置至常温备用。

(2)将烘干后的集料放入微波合成仪中加热,设置功率为500W。

(3)分别测量加热时间为100s、200s、300s、400s、500s的集料温度(℃)。

(4)进行时间—温度曲线拟合,得出试件温度拟合曲线。

试验结果显示,石料的温度与微波加热时间有很好试验的线性相关性,拟合时间—温度曲线如图3.22~图3.24所示,三种集

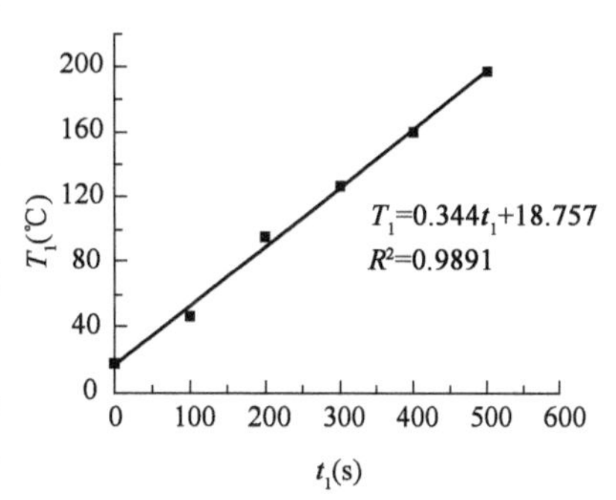

图3.22 玄武岩时间t_1—温度T_1拟合曲线

料的升温速率排序为:石灰岩 > 玄武岩 > 闪长岩。三种集料的软化试验结果如表3.2所示。

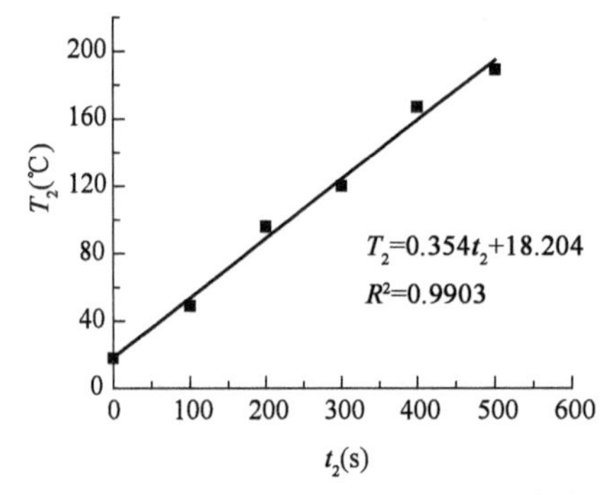

图3.23　石灰岩时间 t_2 —温度 T_2 拟合曲线

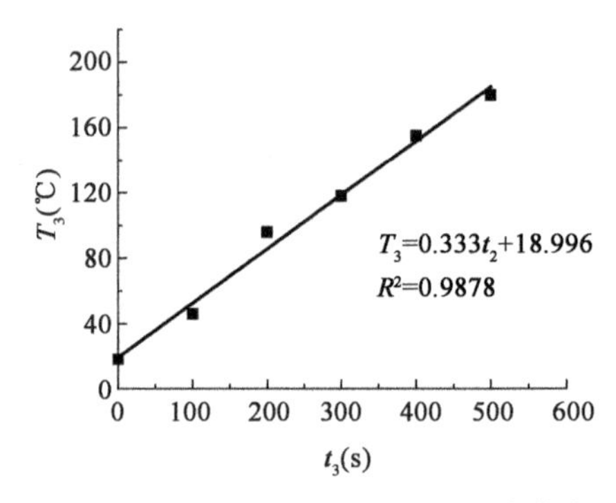

图3.24　闪长岩时间 t_3 —温度 T_3 拟合曲线

不同集料类型的混合料软化结果　　表3.2

集料类型	石灰岩	玄武岩	闪长岩
试验后松散混合料温度(℃)	91.5	86.3	81.1
质量损失量 W_p(%)	51.8	57.3	48.1

由表3.2可以看出,不同集料类型成型的沥青混合料试件软化效果略有不同,但相差不大,由于不同集料对微波的敏感性存在差别,试验后松散的混合料温度略有不同,温度最高的石灰岩松散料温度比温度最低的闪长岩高出约10℃,但二者的质量损失差别并不大,质量损失量 W_p 分别为51.8%和48.1%,相差3.7%,并未发现软化效果与集料类型的升温速率(或微波敏感度)有直接联系。

分析原因,虽然石料类型对微波的敏感性不同,导致最终试验后松散混合料温度存在一定差异(表3.2),但由于混合料软化主要依靠微波敏感乳液型沥青再生剂的“通道渗透”“微爆扩孔”作用实现,软化效果与混合料本身温度的相关性并不明显。集料材质对混合料软化效果的影响应是综合多因素得出的,如石料的粘附性、石料的表面纹理等。在分析该因素时应根据工程实际具体分析。

3.3　微波敏感乳液型沥青再生剂软化混合料机理分析

3.3.1　微观数值仿真

本节通过数值分析对比YG-1渗入沥青混合料内部前后的温度场变化,从数值分析角度解释YG-1的作用机理。

1)模型的建立

本节建立的模型由石料、沥青和 YG-1 组成,图 3.25 为模型示意。模拟中假设沥青混合料中有微裂缝存在,微裂缝位于石料之间的沥青膜中,模拟首先分析未发生 YG-1渗透时沥青膜中的温度情况,然后在其他条件不发生变化时对 YG-1 渗透后的沥青膜温度进行分析,对比渗入前后沥青膜的内部的温度变化规律,分析YG-1对混合料中沥青温度的影响。简化后模型和模型的网格划分如图 3.26、图 3.27所示,模型中沥青膜厚设置为 0.2mm,空隙(或 YG-1)宽度为 0.4mm。

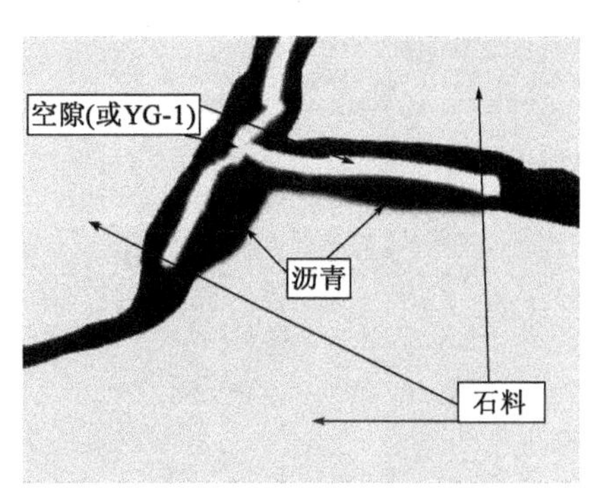

图 3.25　数值分析的模型示意

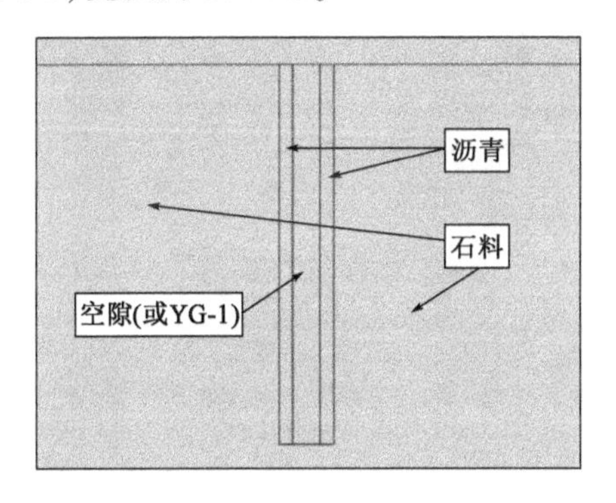

图 3.26　简化后的数值分析模型

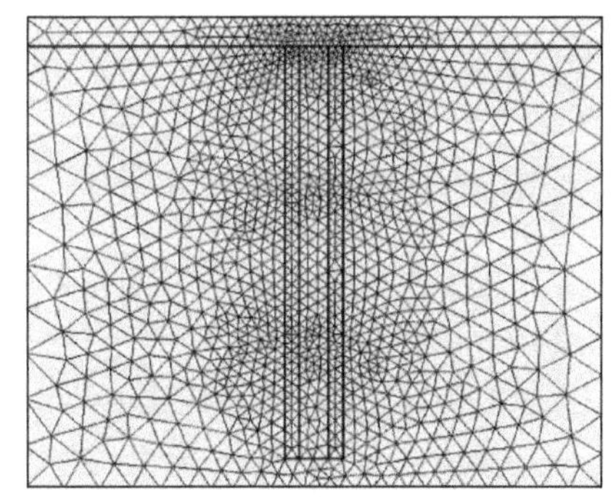

图 3.27　数值分析模型的网格划分

2)模型中参数的选取

本次模拟的参数除 YG-1 通过实测获得外,其余参数通过查阅相关文献获得,模拟中用到的参数如表 3.3 所示。

模拟中不同材料的参数表　　　　表 3.3

参数类型	单位	沥青	石料	YG-1
相对介电常数	—	4	8	64.04
相对磁导率	—	1	1	1
电导率	S/m	2×10^{-4}	1.7×10^{-4}	5.05
热导率	W/(m·K)	0.7	3.355	0.683
密度	kg/m^3	1000	2700	980
常压热容	J/(kg·K)	1670	920	3300
损耗角正切($\tan\delta$)	—	0.001	0.041	0.4928

3)模拟结果分析

模拟结果如图3.28所示,图中分别列出了微波作用90s、180s、270s时添加YG-1前后模型温度场的分布。

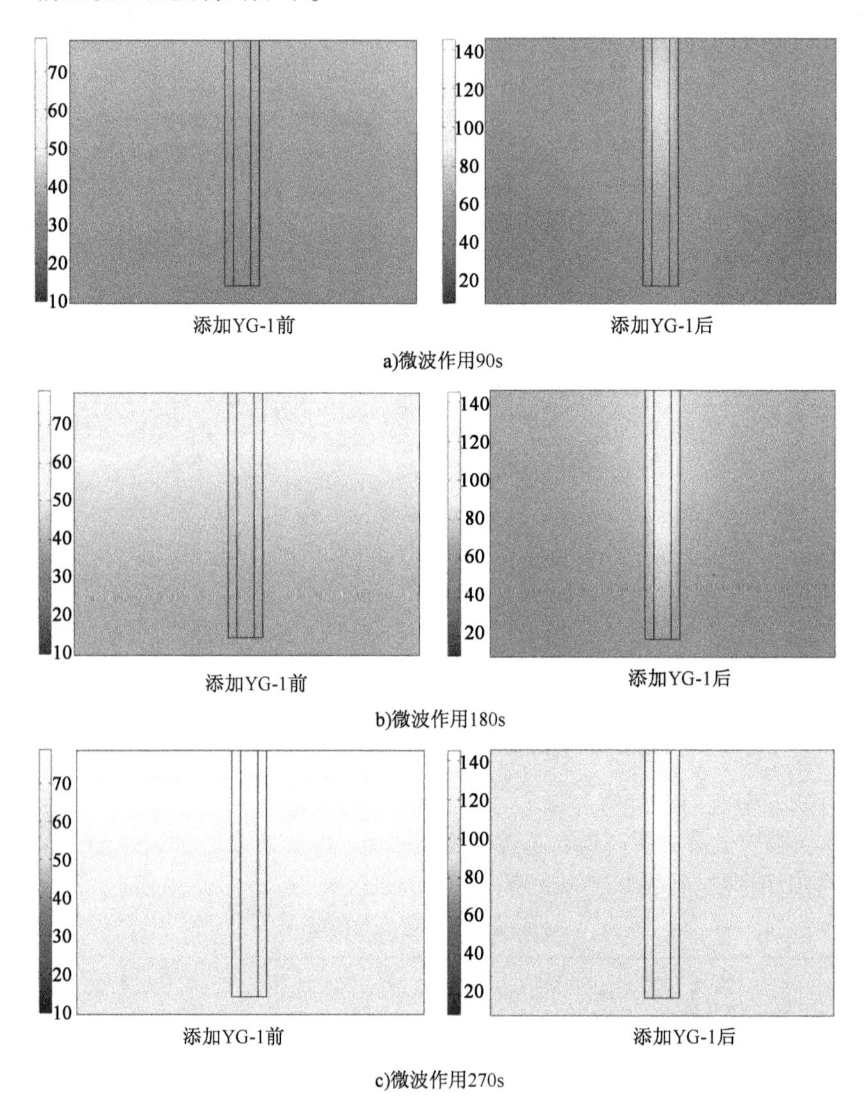

图3.28 YG-1加入前后混合料温度场分布

由图可以看出,YG-1的加入明显改变了混合料温度场的分布,YG-1具有能量集中作用。添加YG-1前能量吸收遵循由上到下逐渐减小的规律,即靠近微波波源的温度高于远离波源的情况;添加 YG-1 后,能量集中在 YG-1 添加位置,温度由 YG-1 添加位置向两侧逐渐降低。

取不同深度位于沥青内部、YG-1(或空隙)内部、石料内部的 9 个点,进行加热过程中热量变化研究,分析不同深度不同位置在添加 YG-1 前后温度的变化规律,所取的 9 个点位置如图 3.29 所示。

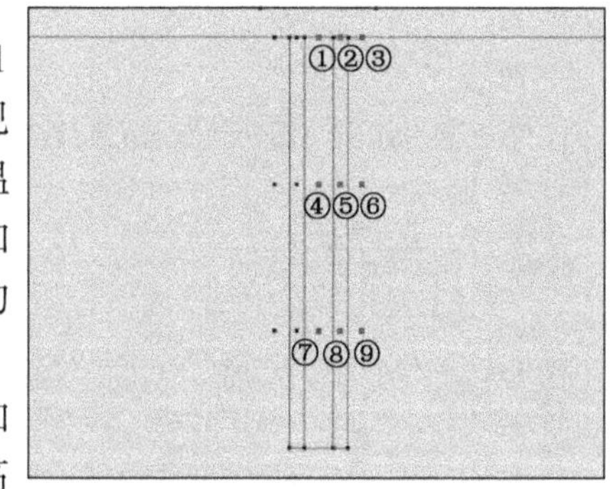

图 3.29 所取温度点的分布情况

图 3.30、图 3.31 给出了添加 YG-1 前后不同深度不同点位的温度变化规律。由图可知,位于不同位置的 9 个点温度均呈现出添加 YG-1 的温度高于不添加的情况,但不同位置的点表现出不同的规律。

点 1、4、7 位于添加 YG-1 处,300s 加热过程中,添加 YG-1 后的升温速率均高于未添加 YG-1 的情况,添加 YG-1 的模型中,前 30s 升温速率高于 30s 后的升温速率,未添加 YG-1 的升温速率在整个加热过程中升温速率基本相同。分析原因,是由于 YG-1 具有极强的微波敏感性,在微波的作用下温度快速升高,达到某一值后,与周围温度较低的沥青和石料之间热交换达到平衡,表现出升温速率先快后慢的、升温速率不同的特点。而未添加YG-1时,该位置的温度为空气温度,由于空气对微波不敏感,其温度的升高主要由于空气与周围石料及沥青发生热交互所致,由微波加热机理可知,在微波作用下石料的升温基本是线性的,因此表现出空隙内空气温度线性增加的现象。

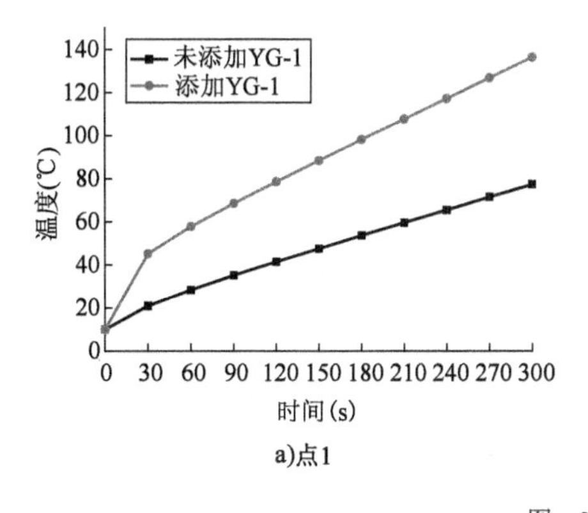

a)点1

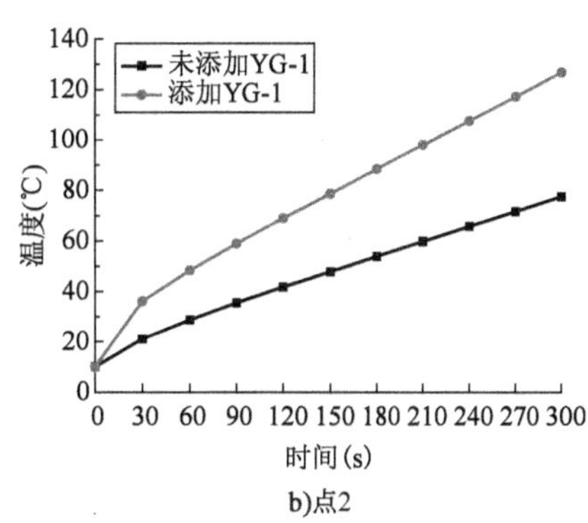

b)点2

图 3.30

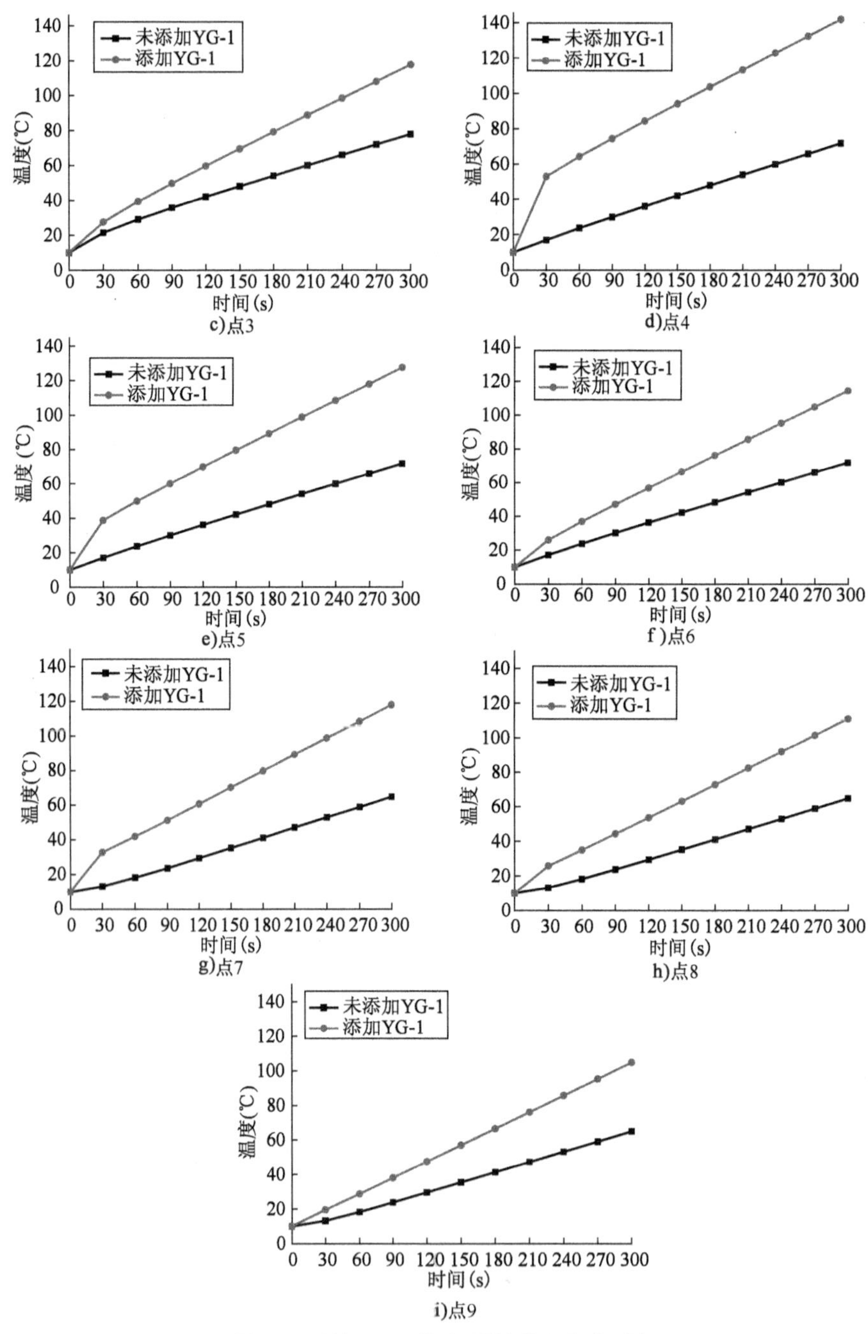

图 3.30　添加 YG-1 前后不同点位温度对比图

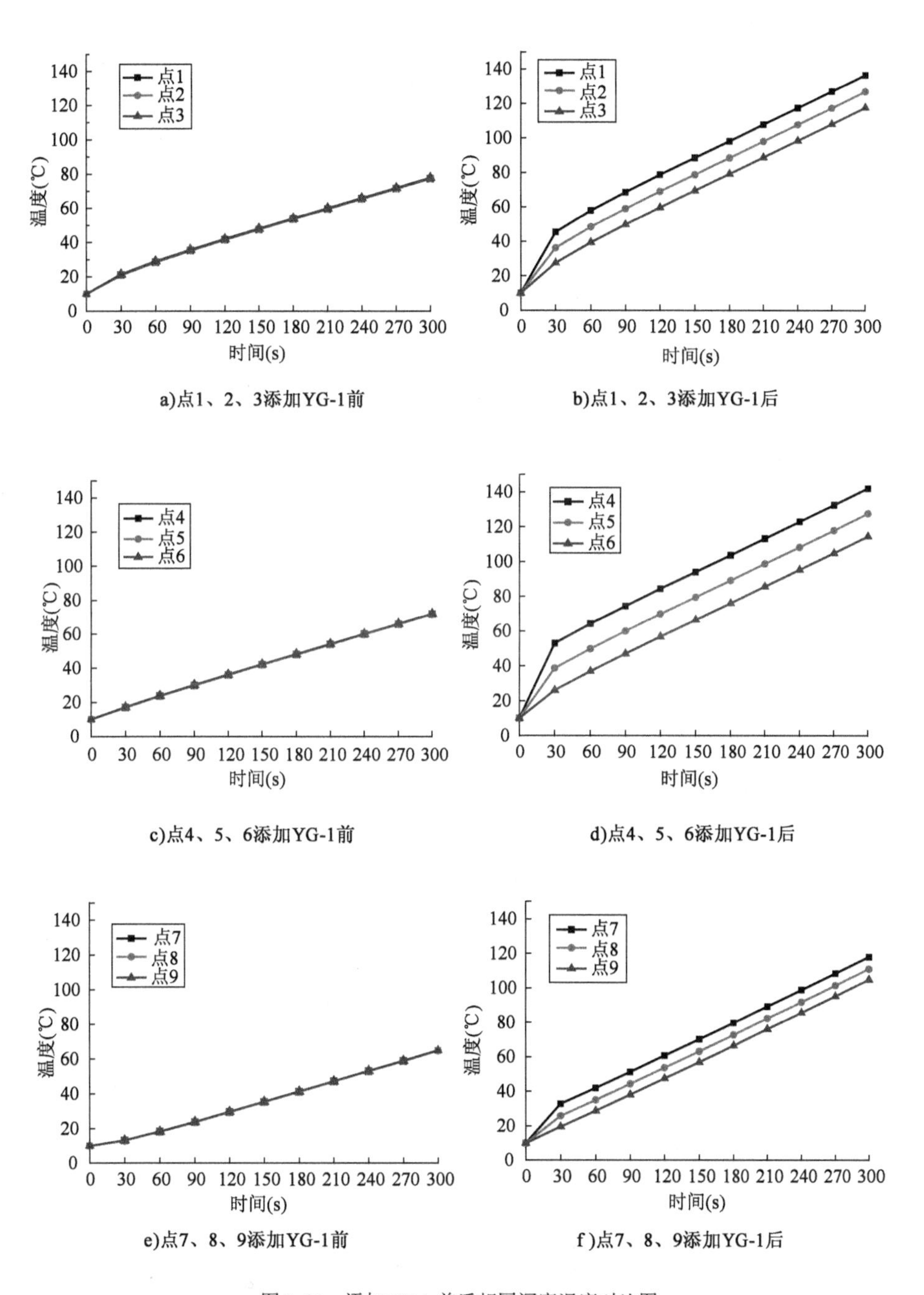

图3.31　添加YG-1前后相同深度温度对比图

点2、5、8位于沥青处,300s加热过程中的变化规律与点1、4、7类似。分析原因,是由于沥青组分多为有机非极性分子,对微波敏感性较差,其温度的升高主要由YG-1和石料发热后的热量传递所致,因此在添加YG-1后其温度变化规律与YG-1的温度变化规律相类似,但沥青中的温度整体低于YG-1。未添加的YG-1时,沥青中的温度由石料传递到沥青内部,因此表现出与石料相同的的升温规律。

点3、6、9位于石料中,添加YG-1后的前30s升温速率较YG-1和沥青慢,而后升温速率相同。分析原因,是由于石料中温度来源由两部分叠加组成,一部分来源是石料吸收微波后发热,另一部分是由于YG-1发热温度高于石料导致的热传导作用,因此石料的温度变化受到YG-1温度变化规律的影响,但由于YG-1的热传导作用相比沥青弱,因此前期未达到温度平衡是的升温速率低于YG-1及沥青的升温速率。

图3.31给出不同深度YG-1加入前后,位于YG-1、沥青、石料中的温度的变化规律。由图可知,在加入YG-1前不同深度的3点温度变化规律基本相同,且相同材料中的温度随着深度的增加逐渐降低,如表3.4所示。分析原因,由于设置模型尺寸较小,裂缝宽度为0.4mm,在未添加YG-1时,温度主要由石料产生,产生的温度通过热传递作用迅速传递到沥青膜和裂缝中,因此裂缝温度、沥青温度、石料温度基本相同;在YG-1渗入空隙后,空隙内的YG-1吸收微波能力较石料大,升温速率快,由于与沥青和石料温差的存在,YG-1内的热量通过热传递传递到沥青和石料中,最终使升温速率相同,但温度始终表现为YG-1 > 沥青 > 石料。

添加YG-1前后不同点位温度数据对比表(单位:℃)　　表3.4

时间(s)	点位							
	点1		点2		点3		点4	
	未加YG-1	添加YG-1	未加YG-1	添加YG-1	未加YG-1	添加YG-1	未加YG-1	添加YG-1
0	10.00	10.00	10.00	10.00	10.00	10.00	10.00	10.00
30	20.95	45.31	21.14	36.15	21.45	27.48	16.97	52.97
60	28.57	57.83	28.75	48.35	29.02	39.31	23.66	64.23
90	35.28	68.55	35.46	58.94	35.72	49.75	29.97	74.47
120	41.58	78.64	41.76	68.97	42.00	59.73	36.08	84.33
150	47.67	88.45	47.85	78.76	48.09	69.49	42.09	94.03
180	53.68	98.14	53.86	88.45	54.10	79.16	48.05	103.67
210	59.64	107.77	59.83	98.07	60.06	88.78	54.00	113.27
240	65.58	117.36	65.76	107.66	66.00	98.37	59.93	122.85
270	71.51	126.95	71.69	117.24	71.93	107.95	65.85	132.43
300	77.44	136.52	77.62	126.82	77.85	117.53	71.78	142.01

续上表

时间(s)	点位									
	点5		点6		点7		点8		点9	
	未加YG-1	添加YG-1	未加YG-1	添加YG-1	未加YG-1	添加YG-1	未加YG-1	添加YG-1	未加YG-1	添加YG-1
0	10.00	10.00	10.00	10.00	10.00	10.00	10.00	10.00	10.00	10.00
30	17.02	38.74	17.22	26.03	13.17	32.78	13.19	25.82	17.02	38.74
60	23.71	49.86	23.90	36.96	18.22	41.99	18.23	35.01	23.71	49.86
90	30.02	60.01	30.20	47.02	23.74	51.29	23.75	44.31	30.02	60.01
120	36.13	69.84	36.31	56.81	29.47	60.70	29.49	53.72	36.13	69.84
150	42.14	79.53	42.31	66.49	35.31	70.18	35.33	63.21	42.14	79.53
180	48.10	89.16	48.28	76.11	41.19	79.70	41.21	72.73	48.10	89.16
210	54.05	98.75	54.22	85.70	47.09	89.25	47.11	82.29	54.05	98.75
240	59.98	108.34	60.15	95.29	53.01	98.82	53.02	91.85	59.98	108.34
270	65.90	117.92	66.08	104.86	58.93	108.39	58.94	101.42	65.90	117.92
300	71.83	127.49	72.00	114.44	64.85	117.96	64.87	110.99	71.83	127.49

3.3.2 微波敏感乳液型沥青再生对混合料内部微波场分布的影响

为了更好地阐述 YG-1 的作用机理,本节通过 COMSOL MULTIPHYSICS 软件建立微波合成仪模型和马歇尔试件模型,与室内试验相对应,通过数值分析的方法分析添加 YG-1 对试验试件温度的影响,阐述混合料软化的机理。

1)模型的建立

建立的模型如图 3.32 所示。模型由微波合成仪腔体、微波发射端口、沥青混合料马歇尔试件组成,建模与试验室内的微波合成仪等比例建模,试件尺寸同

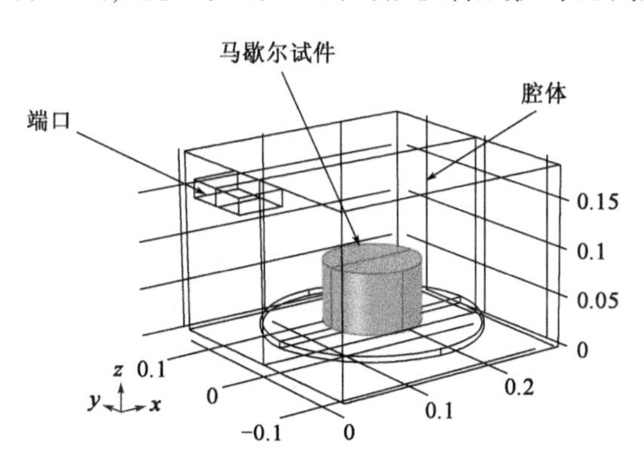

图 3.32 微波合成仪和马歇尔试件模型(尺寸单位:m)

马歇尔试件尺寸。为减少计算量,本节利用软件提供的镜面对称功能取模型中的一半进行计算,以减少本次仿真的计算量,计算中使用的模型及网格划分如图 3.33所示。模拟中选用 TE_{10}模式的矩形波导与微波源频率为 2.45GHz。

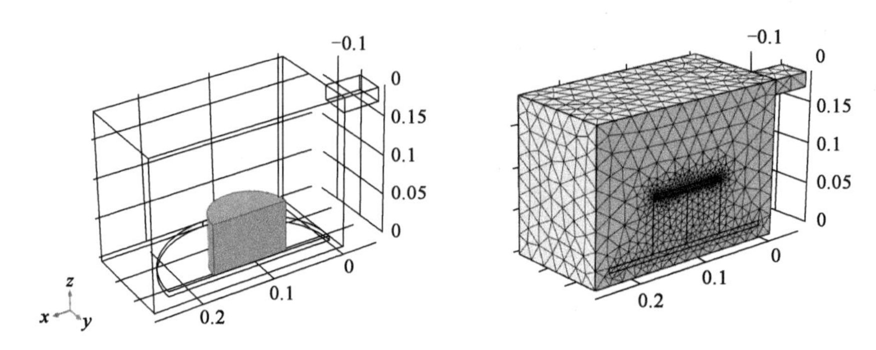

图 3.33 微波合成仪和马歇尔试件模型(尺寸单位:m)

2)模型中参数的选取

模型中所用的材料参数如表 3.5 所示。

模拟中所用的材料参数表 表 3.5

参数类型	单位	沥青	沥青混合料	YG-1	微波合成仪腔体
相对介电常数	—	4	5	64.04	1
相对磁导率	—	1	1	1	1
电导率	S/m	2×10^{-4}	1.8×10^{-4}	5.05	5.998×10^{7}
热导率	W/(m·K)	0.7	2.177	0.683	400
密度	kg/m^3	1000	2630	980	8960
常压热容	J/(kg·K)	1670	950	3300	385
损耗角正切(tanδ)	—	0.001	0.034	0.4928	0

3)模拟结果分析

未在马歇尔试件表面涂抹 YG-1 的模拟结果如图 3.34 所示,图中分别列出了微波作用 0s、100s、200s、300s 时马歇尔试件中的温度场分布。

由模拟结果可知,表面未涂抹 YG-1 的混合料试件温度场分布并不规律,温度最高点出现在试件的中心区域,模拟 300s 后,混合料的温度最高点约为 60℃,未能达到混合料软化要求的温度。在模型中轴线位置每隔 1cm 取一点,分析各点在整个加热过程中温度的变化规律,分析结果如图 3.35 所示。由图可以看出,模型中温度排序为顶面下 2cm、顶面下 1cm、顶面下 3cm、顶面、顶面下 4cm、顶面下 5cm、底面。

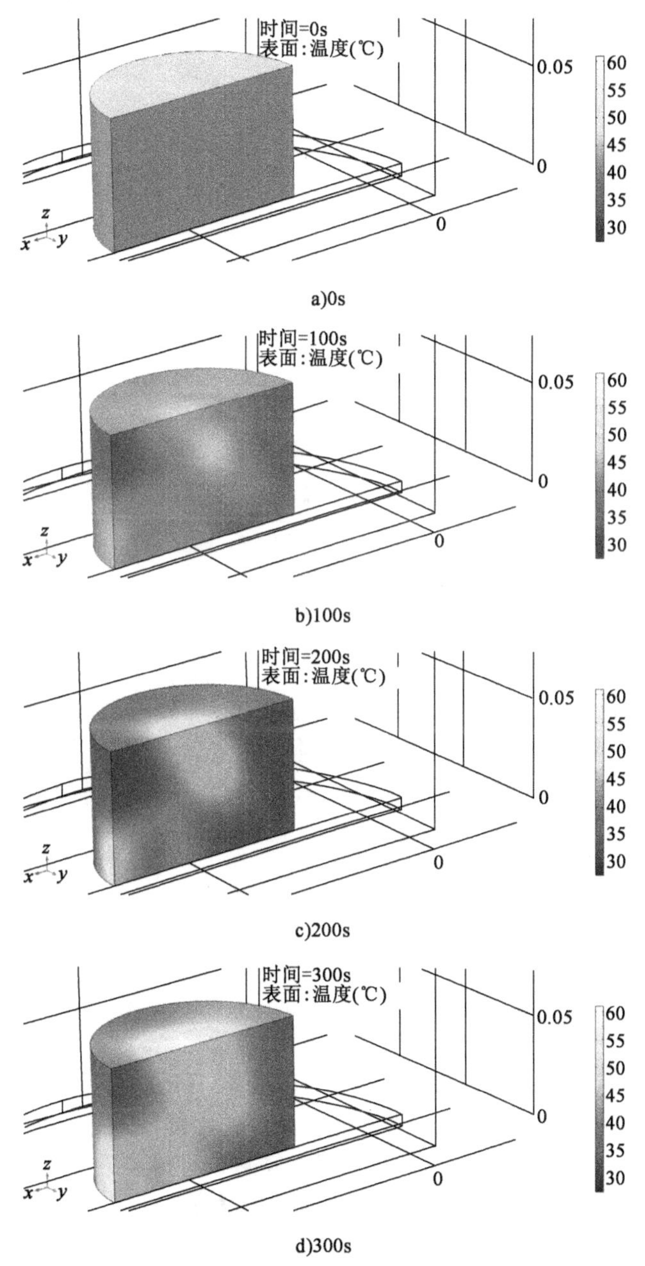

a)0s

b)100s

c)200s

d)300s

图 3.34　未涂抹 YG-1 的试件表面温度场分布图

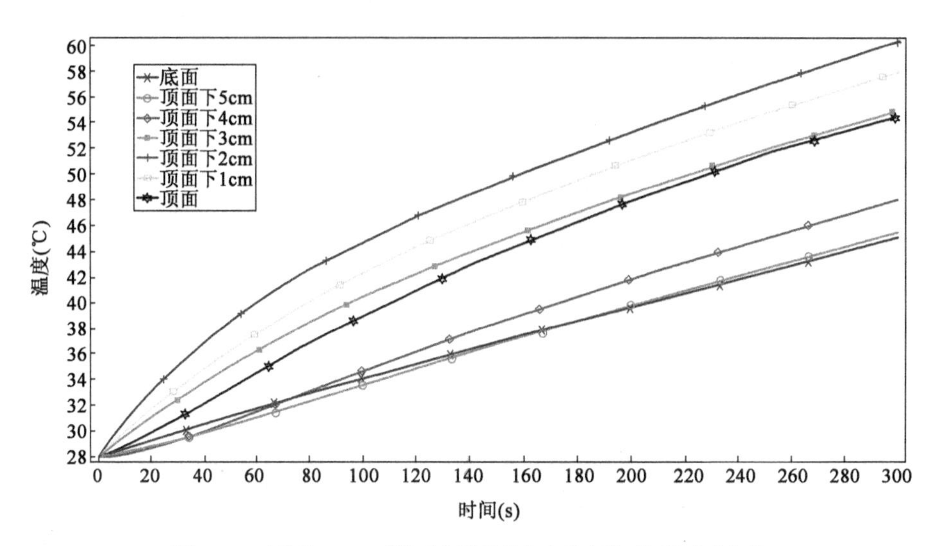

图 3.35　未涂抹 YG-1 时模型中轴线处各点温度随时间的变化规律

马歇尔试件表面涂抹 YG-1 的模拟结果如图 3.36 所示，图中分别列出了微波作用 0s、100s、200s、300s 时马歇尔试件中的温度场分布。

由模拟结果可知，表面涂抹 YG-1 的混合料试件温度场分布相较未涂抹 YG-1时发生了较大的变化，温度最大值出现在试件表面，模拟 300s 后，表面温度最高点 110℃，相较未涂抹 YG-1 时亦有大幅提升，能够满足混合料的软化要求。在模型中轴线位置每隔 1cm 取一点，分析各点在整个加热过程中温度的变化规律，分析结果如图 3.37 所示。由图可以看出，模型中温度排序为顶面、顶面下 1cm、顶面下 2cm、顶面 3、顶面下 4cm、顶面下 5cm、底面，呈现出温度由顶面到底面逐渐降低的规律。

分析发现，涂抹 YG-1 可以有改变混合料温度场的分布情况，YG-1 能够起到提高混合料温度，使混合料能量场聚集等作用。

3.3.3　混合料软化机理分析

YG-1 软化混合料的实际过程要比数值分析建立的模型复杂得多，这是由于 YG-1 具有渗透作用，可以通过空隙渗透到混合料内部使混合料内部与 YG-1 接触处温度快速升高，因此确定 YG-1 的实际软化机理应结合 3.1 节的试验及数值分析结果综合进行。分析 YG-1 软化混合料的机理如下：

1)通道渗透

由于 YG-1 中含有水和亲润剂，因此具有较强的渗透性和较低的表面张力，将其喷洒到沥青混合料表面后，YG-1 能在短时间内通过道路表面的裂缝、连通空隙等通道渗透到路面一定深度，如图 3.38 所示。

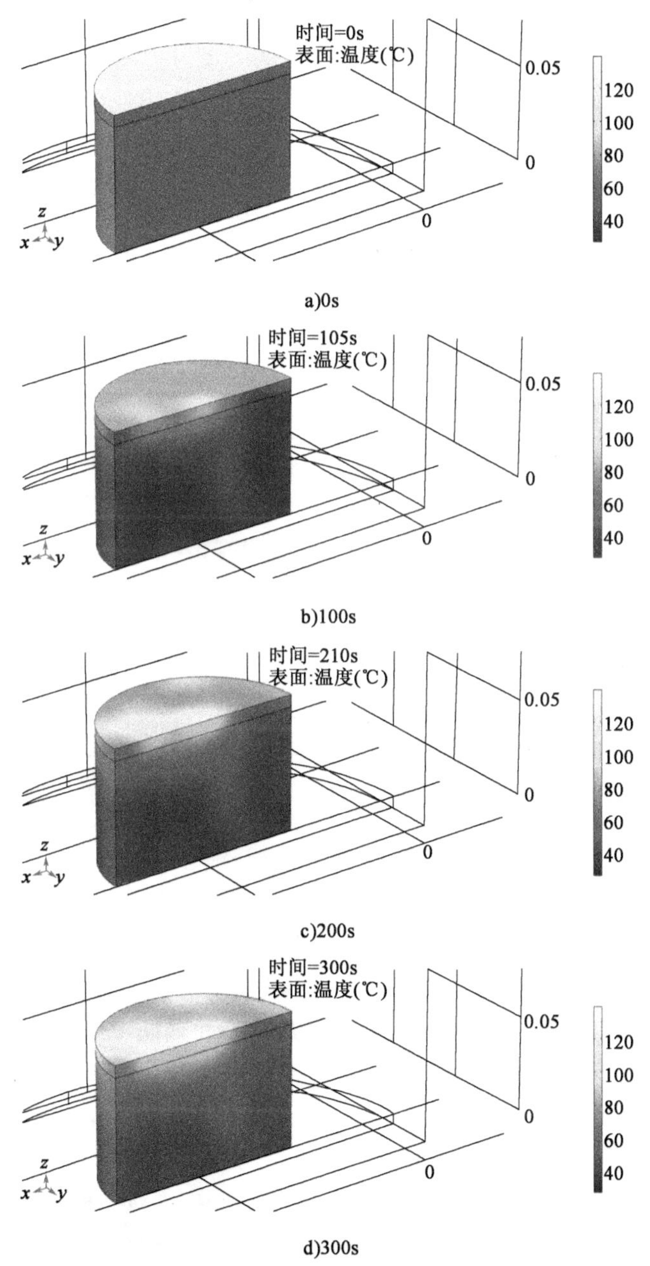

a)0s

b)100s

c)200s

d)300s

图 3.36 涂抹 YG-1 的试件表面温度场分布图

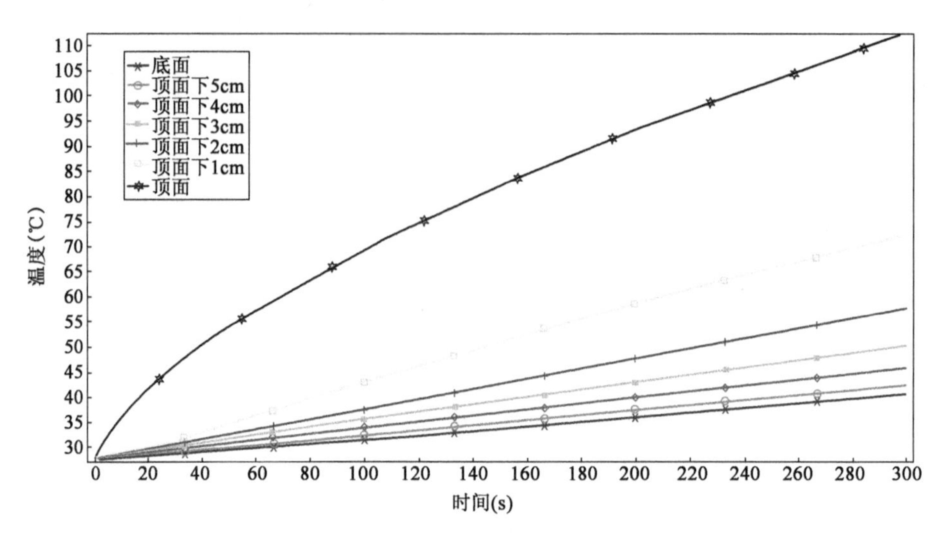

图 3.37　涂抹 YG-1 时模型中轴线处各点温度随时间的变化规律

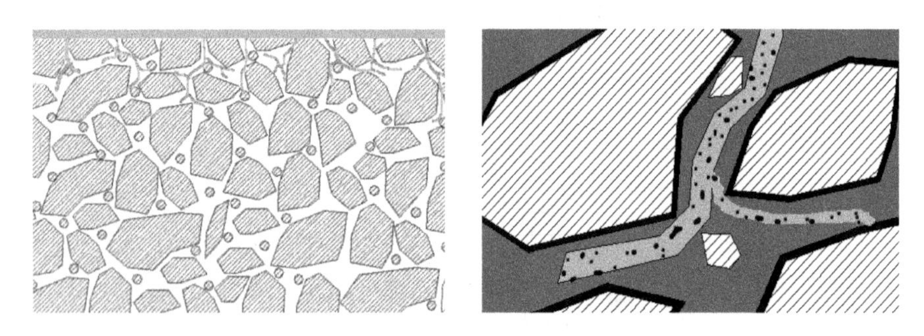

图 3.38　通道渗透机理示意图

2）分相渗透

YG-1 渗入混合料内部后，在微波持续的作用下温度快速升高，随着温度的升高部分 YG-1 发生相分离。相分离后的再生成分在较高温度下向混合料中的旧沥青渗透迁移，使混合料中的旧沥青得以再生，并降低了该区域老化沥青的黏度，实现了沥青混合料的软化。同时未发生相分离的 YG-1 充斥在细微的空隙中，如图 3.39 所示。

3）微爆扩孔

微波敏感型材料在微波的持续作用下，短时间内温度急剧升高，当其与周边溶液的温度差大到一定程度时，发热粉周边的水瞬间汽化，在微小密闭的空隙中发生“微爆”现象，在“微爆”力的作用下，冲开软化的沥青，YG-1 得以进一步进入混合料深处的微通道。同时沥青和分相后的水在高温下产生“发泡降黏”现象，进一步降低了沥青的黏度，加速了 YG-1 的渗透，混合料得以进一步软化，如图 3.40 所示。

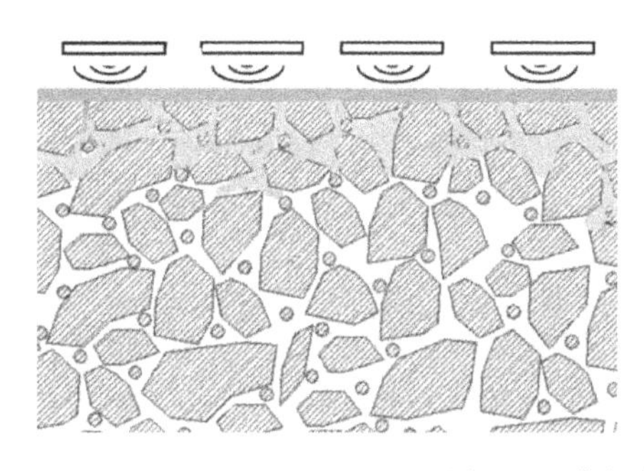
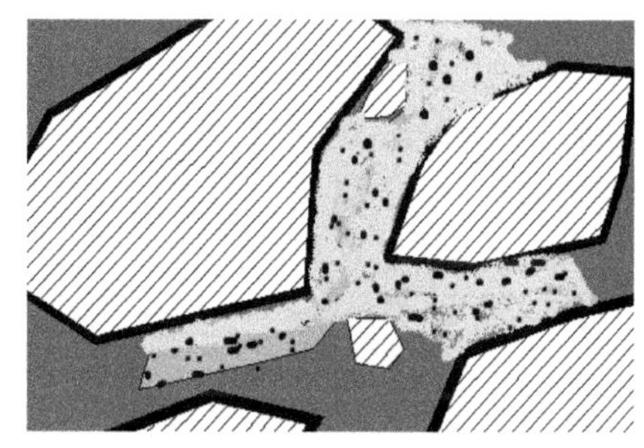

图 3.39　分相渗透机理示意图

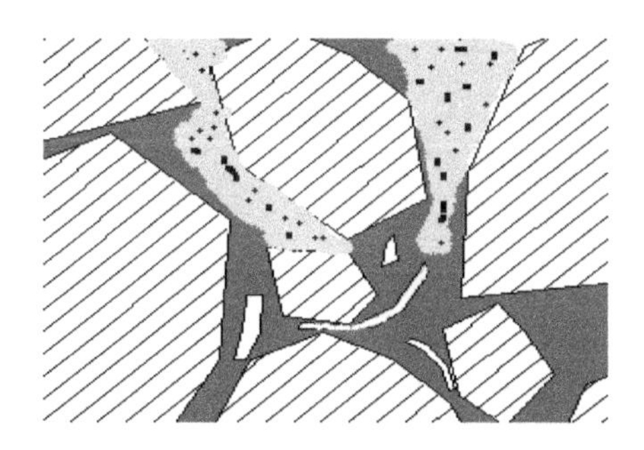
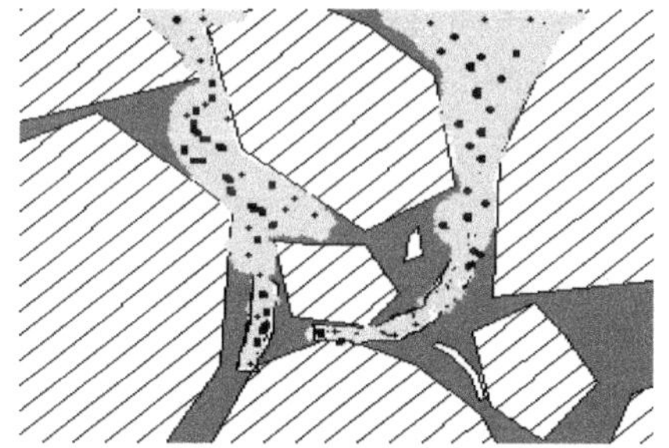

图 3.40　微爆扩孔机理示意图

4）持续软化

微爆扩孔后，YG-1 再次渗入混合料内部的孔道中，开始下一个通道渗透、分相渗透、微爆扩孔的循环。在三种作用的反复循环下，直至 YG-1 完全消耗，最终实现了混合料在一定深度范围内的快速软化（图 3.41）。

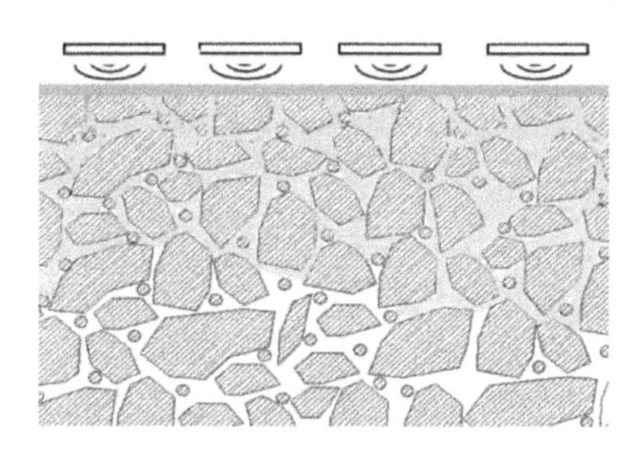

图 3.41　持续软化机理示意图

3.4 本章小结

本章通过沥青混合料软化试验,验证了 YG-1 的软化效果,通过 COMSOL MULTIPHYSICS 建立的有限元模型,分析了 YG-1 对室内微波加热混合料温度场分布的影响,并结合试验现象分析了 YG-1 软化沥青混合料的机理。同时通过沥青混合料软化试验分析了不同影响因数对混合料软化效果影响规律,并建立了各因素与软化效果之间的关系。主要结论如下:

(1)通过混合料切片软化试验、旋转压实试件软化试验和车辙板软化试验验证了 YG-1 在微波作用下软化沥青混合料的效果,得出在其他条件相同的情况下,添加 YG-1 能够大幅提高混合料的软化效果。

(2)利用 COMSOL MULTIPHYSICS 软件建立混合料微观模型,分析得出 YG-1 改变了混合料的内部温度场的分布形式。在未添加 YG-1 时,温度主要由石料产生,产生的温度通过热传递作用迅速传递到沥青膜和裂缝中,因此裂缝温度、沥青温度、石料温度基本相同;在 YG-1 渗入空隙后,空隙内的 YG-1 吸收微波能力比石料大,升温速率快,由于与沥青和石料温差的存在,YG-1 内的热量通过热传递传递到沥青和石料中,最终使升温速率相同,但温度始终表现为 YG-1 > 沥青 > 石料。

(3)利用 COMSOL MULTIPHYSICS 软件建立了室内马歇尔试件软化试验的等尺寸模型,并通过室内试验间接验证了模拟结果。研究发现表面涂抹 YG-1 的混合料试件温度场分布相较未涂抹 YG-1 前后混合料试件内部温度场发生了较大的变化,未涂抹 YG-1 时混合料温度最大值出现在试件内部中心位置处,且温度场分布不规律;涂抹 YG-1 后温度最大值出现在试件表面,且相较未涂抹 YG-1 时温度有大幅提升。

(4)通过分析室内混合料软化试验现象,结合数值分析的结果,分析得出 YG-1 软化沥青混合料的机理为通道渗透、分相渗透、微爆扩孔、持续软化等过程的循环。

(5)通过自行设计的混合料软化试验分析了影响混合料软化效果的因数,得出微波作用方式、再生剂用量、混合料空隙率、集料类型等因素与软化效果的关系,并建立了各因素与软化效果之间的关系。

第4章　沥青再生性能及再生机理研究

本章通过对原样沥青、RTFOT短期老化沥青、RTFOT + PAV(20h)长期老化沥青、YG-1再生沥青4种沥青的流变参数分析,对YG-1再生沥青性能进行了验证。通过沥青四组分试验、红外光谱试验、扫描电镜试验、热重分析试验等从微观角度对YG-1再生沥青微观变化进行了研究,在此试验基础上对YG-1再生沥青机理进行了分析。

4.1　沥青再生性能指标分析

4.1.1　试验原材料

本章选用盘锦90号沥青进行试验分析,沥青的基本参数如表4.1所示。

原样沥青的基本参数表　　表4.1

指　标	单　位	测 试 值	试 验 方 法
25℃针入度	0.1mm	85	T 0604
软化点	℃	47.5	T 0606
10℃延度	cm	36.2	T 0605
RTFOT沥青			
质量变化	%	-0.27	T 0610
残留针入度比(25℃)	%	63.5	T 0604
残留延度(10℃)	cm	8.8	T 0605

4.1.2　再生剂用量的确定

参照现行技术标准,本节采用测定不同再生剂掺量的再生沥青3大指标恢

复状况,综合确定再生剂的用量。具体试验步骤如下:

(1)依据《公路工程沥青及沥青混合料试验规程》(JTG E20—2011)对原样沥青进行RTFOT老化、RTFOT老化后进行PAV(20h)长期老化,制得短期老化和长期老化沥青。

(2)参照《公路沥青路面再生技术规范》(JTG/T 5521—2019),将长期老化沥青分别加入8%、10%、12%、14%的YG-1再生沥青。

(3)将加入YG-1沥青的长期老化沥青加热到110℃左右,用玻璃棒搅拌,直至再生沥青中的水分蒸发充分,加热沥青不再有汽包产生为止。

(4)测定再生沥青的3大指标,绘制变化曲线,确定再生剂用量。

由表4.2、图4.1可知,随着YG-1用量的增加,长期老化沥青的三大指标都得到了不同程度恢复,对针入度、软化点、延度随YG-1再生沥青掺量变化进行回归分析,得到式(4.1)~式(4.3)。

不同再生剂掺量老化沥青三大指标测试结果 表4.2

沥青种类	掺量(%)	25℃针入度(0.1mm)	软化点(℃)	10℃延度(cm)
原样沥青	0	85	47.5	36.2
RTFOT+PAV(20h)长期老化	0	34	56.0	3.9
YG-1再生沥青	8	46	54.1	14.2
	10	64	49.3	24.9
	12	87	45.9	33.2
	14	98	41.4	31.1

(1)针入度随YG-1再生沥青掺量变化变化规律为:

$$y_1 = 8.95x - 24.7 \qquad (R^2 = 0.9754) \tag{4.1}$$

(2)软化点随YG-1再生沥青掺量变化变化规律为:

$$y_2 = -2.08x + 70.5 \qquad (R^2 = 0.9942) \tag{4.2}$$

(3)延度随YG-1再生沥青掺量变化变化规律为:

$$y_3 = -0.8x^2 + 20.55x - 99.4 \qquad (R^2 = 0.9560) \tag{4.3}$$

式中:y_1、y_2、y_3——针入度(0.1mm)、软化点(℃)、10℃延度(cm);

x——YG-1再生沥青掺量(%)。

分析当YG-1再生沥青用量接近12%时,老化沥青三大指标性能基本恢复到原样沥青的水平，最终确定 YG-1 再生沥青用量为 12% 进行老化沥青的再生。

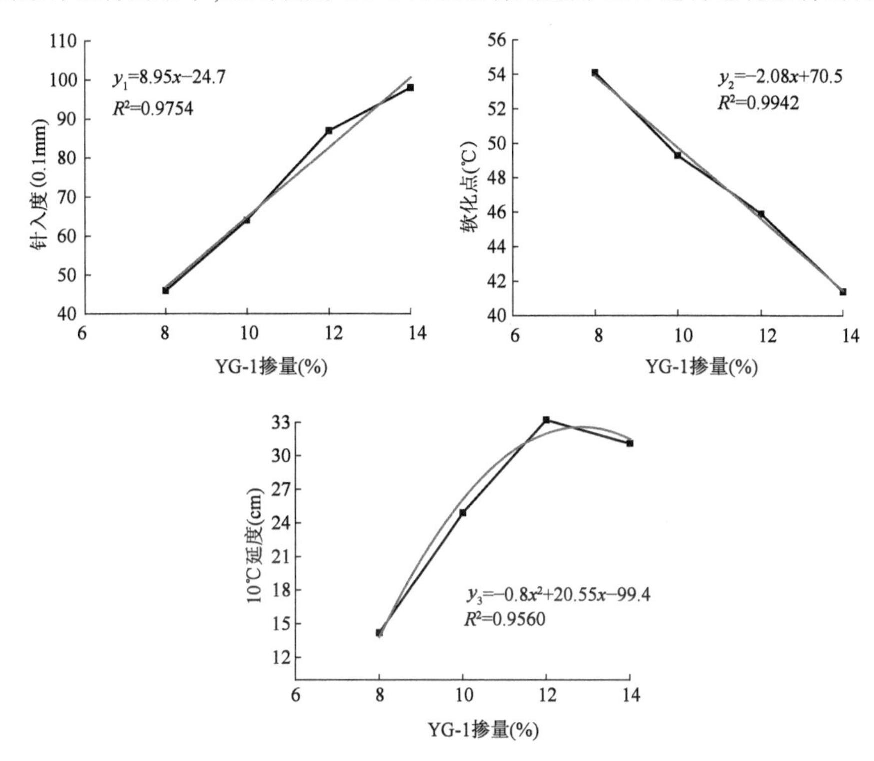

图 4.1　老化沥青三大指标对再生剂掺量的变化规律

4.1.3　沥青流变特性分析

本小节利用 DSR、BBR 等设备对原样沥青、RTFOT 短期老化沥青、RTFOT + PAV(20h)长期老化沥青、YG-1 再生沥青(YG-1 用量 12%)4 种沥青在不同温度下的储能模量 G'、损耗模量 G''、复数剪切模量 G^*、相位角 δ、车辙因子 $|G^*|/\sin\delta$、劲度模量 S、劲度模量变化率 m 值、疲劳因子 $|G^*|\cdot\sin\delta$ 等指标进行了测试，分析沥青老化中各指标的变化规律以及 YG-1 再生沥青的再生效果。试验设备如图 4.2 所示。

1)高温性能参数测试及评价

本小节分析 4 种沥青在不同温度下的储能模量 G'、损耗模量 G''、复数剪切模量 G^*、相位角 δ、车辙因子 $|G^*|/\sin\delta$，通过沥青的流变参数，分析沥青高温性能的变化规律。试验采用 DSR 温度扫描模式，扫描频率为 10rad/s，试验温度分

别为 40℃、46℃、52℃、58℃、64℃，试验数据如表 4.3 ~ 表 4.7 所示。将表中数据利用半对数坐标、常数坐标作图，得出各项指标随温度变化规律，如图 4.3 ~ 图 4.7 所示。各参数试验结果分析如下。

a)动态剪切流变仪DSR

b)弯曲梁流变仪BBR

图 4.2　沥青参数测定中用到的试验仪器

(1)储能模量 G' 表征料在发生形变时，由于弹性形变而储存能量的大小，反映材料、性大小。由表 4.3 和图 4.3 可以看出，四种沥青的储能模量 G' 都随着温度的增加而减小，RTFOT + PAV(20h)长期老化沥青的储能模量 G' 远高于原样沥青，在 40℃ 时是原样沥青的将近 20 倍，且随着温度的升高差距增加，RTFOT老化沥青 40℃ 的储能模量 G 约是原样沥青的 2 倍，但随着温度的升高差距增加不明显。分析可知沥青老化后，在相同外力作用下，沥青弹性变形所需的外力增加，随着温度的升高该现象更加明显。宏观上表现为沥青的弹性变形能力降低。YG-1 再生沥青的储能模量 G' 得到了有效恢复，与原样沥青相当，说明 YG-1 使得老化沥青弹性变形能力得到了恢复。

不同温度下测得的沥青的储能模量 G'(单位：kPa)　　表 4.3

温度(℃)	原样沥青	RTFOT 短期老化沥青	RTFOT + PAV(20h)长期老化沥青	YG-1 再生沥青
40	5.06	11.31	192.38	5.20
46	1.41	3.36	62.27	1.24
52	0.42	1.01	24.27	0.41
58	0.12	0.30	9.11	0.13
64	0.04	0.10	3.37	0.04

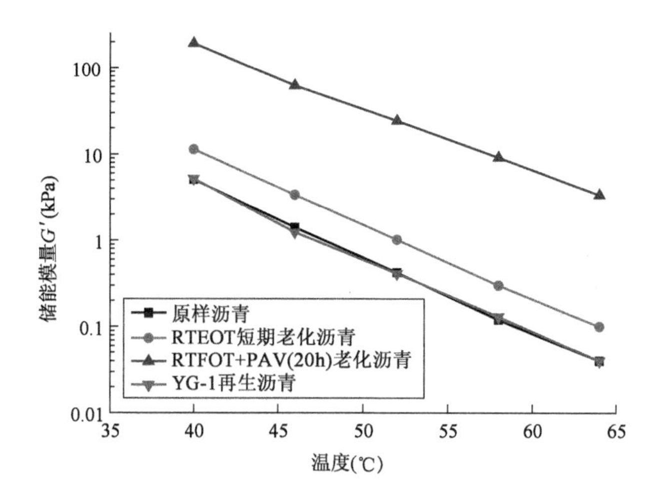

图4.3　不同沥青的储能模量 G'随温度的变化规律

(2)损耗模量 G''表征材料在发生形变时,由于塑性形变而损耗的能量大小,反映了沥青材料黏性大小。由表4.4和图4.4可以看出,四种沥青的损耗模量 G''呈现出与储能模量 G'相同的变化规律,随着温度的增加而减小,RTFOT + PAV(20h)老化沥青的损耗模量 G''同样远高于原样沥青,约是原样沥青的10倍,但不同于储能模量 G'的是,随着温度的增加,二者差距倍数变化不大。可知沥青老化后,发生相同塑性变形所需的外力增大,与原样沥青相比不容易发生塑性变形。但沥青的塑性变形能力差,更容易导致沥青路面的脆性破坏。YG-1再生沥青的损耗模量 G''得到了有效的恢复,与原样沥青相当,说明YG-1再生沥青能够有效恢复老化沥青塑性变形能力。

不同温度下测得的沥青的损耗模量 G''(单位:kPa)　　表4.4

温度(℃)	原样沥青	RTFOT短期老化沥青	RTFOT + PAV(20h)长期老化沥青	YG-1再生沥青
40	30.97	48.99	337.72	30.80
46	11.83	19.19	133.31	11.12
52	4.89	7.83	59.83	5.18
58	2.09	3.32	26.78	2.26
64	0.96	1.51	12.23	1.05

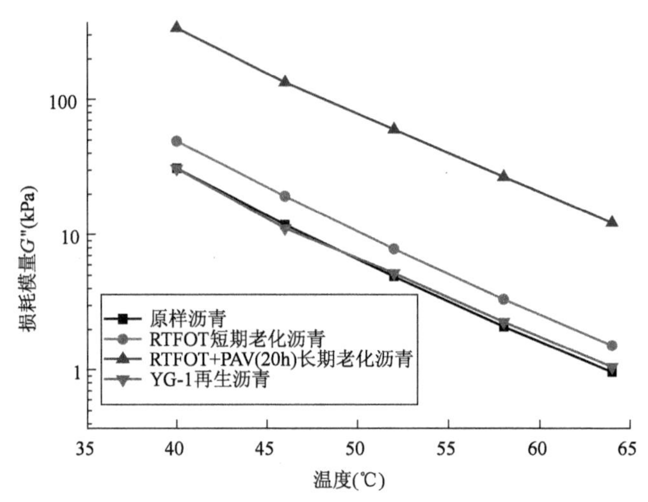

图4.4 不同沥青的损耗模量 G''随温度的变化规律

(3)复数剪切模量 G^* 是沥青材料黏弹性的综合体现,是评价沥青结合料抵抗变形能力的综合指标,其值越高,沥青结合料的抗变形能力越强。由表4.5和图4.5可以看出,四种沥青的复数剪切模量 G^* 随着温度的增加而减小,RTFOT + PAV(20h)老化沥青的损耗模量 G^* 同样高于原样沥青,约是原样沥青的10倍,沥青老化后的抗变形能力增加。YG-1再生沥青的复数剪切模量 G^* 得到了有效的恢复,再生后略高于原样沥青,说明YG-1能够有效恢复老化沥青变形能力。

不同温度下测得的沥青的复数剪切模量 G^* (单位:kPa) 表4.5

温度(℃)	原样沥青	RTFOT短期老化沥青	RTFOT + PAV(20h)长期老化沥青	YG-1再生沥青
40	31.38	50.28	388.67	31.24
46	11.91	19.48	147.14	11.19
52	4.91	7.90	64.57	5.20
58	2.09	3.33	28.28	2.26
64	0.96	1.52	12.69	1.05

(4)相位角 δ 表征黏弹性材料的黏性、弹性的比例,完全弹性材料 $\delta = 0°$;完全黏性材料 $\delta = 90°$;而黏弹性材料应力、应变响应相位滞后 δ 在0~90°。由表4.6和图4.6可以看出,4种沥青的相位角 δ 随着温度的增加而增加,相同温

度时，相位角 δ 从大到小排序为：原样沥青、YG-1 再生沥青、RTFOT 短期老化沥青、RTFOT + PAV(20h)长期老化沥青。说明随着沥青的老化，沥青的黏性降低，弹性升高；同种沥青随着温度的增加，沥青的黏性增加，弹性降低。YG-1 再生沥青的加入使长期老化沥青恢复到与原样沥青基本相同的黏弹性能，因此 YG-1 再生沥青对沥青的黏弹性恢复具有很好的作用。

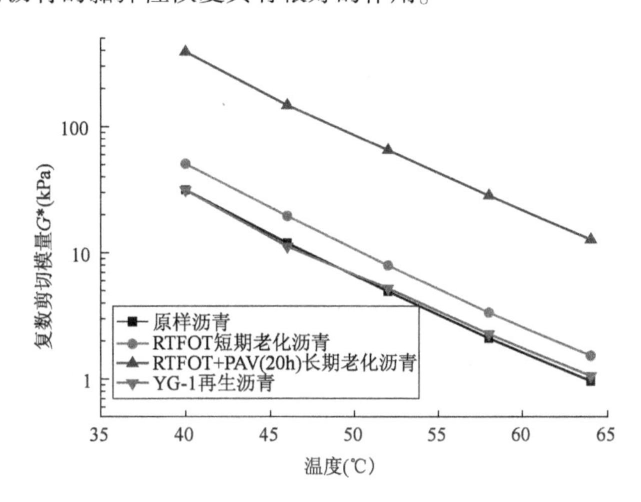

图 4.5 不同沥青的复数剪切模量 G^* 随温度的变化规律

不同温度下测得的沥青的相位角 δ(单位：°) 表 4.6

温度(℃)	原样沥青	RTFOT 短期老化沥青	RTFOT + PAV(20h)长期老化沥青	YG-1 再生沥青
40	80.7	77.0	60.3	80.5
46	83.2	80.1	65.0	82.8
52	85.1	82.7	67.9	84.9
58	86.6	84.8	71.2	85.9
64	87.7	86.4	74.6	87.1

(5)车辙因子 $G^*/\sin\delta$ 是 Superpave 研究成果中提出的评价沥青高温性能的参数，提出满足原样沥青车辙因子 $G^*/\sin\delta \geqslant 1\text{kPa}$、RTFOT 短期老化后沥青车辙因子 $G^*/\sin\delta \geqslant 2.2\text{kPa}$，对应的温度作为符合高温性能的最高温。由表 4.7 和图 4.7 可以看出，YG-1 再生沥青的高温性能与原样沥青相比，车辙因子略高于与原样沥青。随着沥青的老化，沥青的车辙因子变大，沥青的抵抗高温变形能力有所增加；随着温度的升高，沥青抵挡变形的能力逐渐降低。

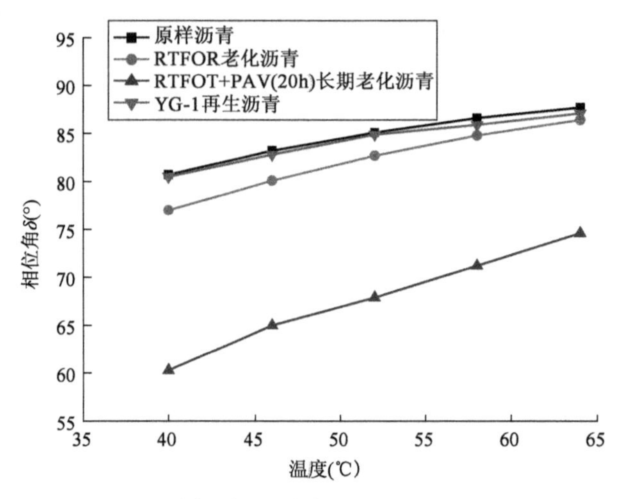

图 4.6　不同沥青的相位角 δ(°)随温度的变化规律

不同温度下测得的沥青的车辙因子 $G^*/\sin\delta$（单位:kPa）　　表 4.7

温度 (℃)	原 样 沥 青	RTFOT 短期 老化沥青	RTFOT + PAV(20h) 长期老化沥青	YG-1 再生沥青
40	31.80	51.61	447.59	31.68
46	12.00	19.78	162.39	11.28
52	4.93	7.97	69.71	5.22
58	2.09	3.34	29.88	2.27
64	0.96	1.52	13.16	1.05

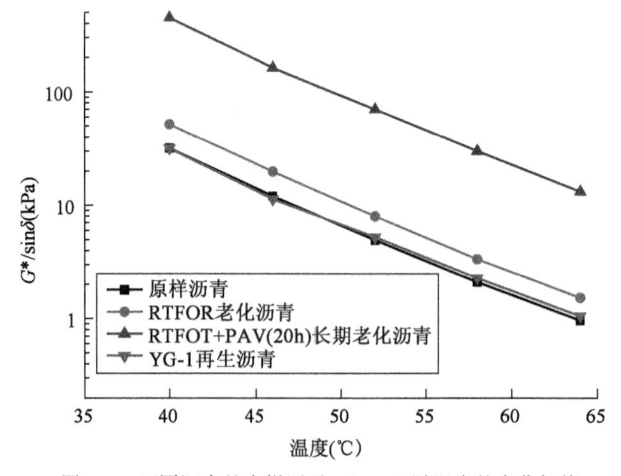

图 4.7　不同沥青的车辙因子 $G^*/\sin\delta$ 随温度的变化规律

分析四种沥青的储能模量 G'、损耗模量 G''、复数剪切模量 G^*、相位角 δ、车辙因子 $|G^*|/\sin\delta$ 等参数后可知，YG-1 再生沥青的各项指标都接近原样沥青，在高温性能方面表现出与原样沥青接近的性能。

2）低温性能参数测试及评价

在 Superpave 沥青评价体系中，弯曲梁流变仪（BBR）用于评价沥青胶结料的低温蠕变特征，测量沥青的挠曲蠕变劲度及柔量。试验在一定温度下、恒定荷载作用时，测定挠曲变形随时间的变化值。本节通过测试原样沥青、RTFOT 短期老化沥青、RTFOT + PAV（20h）长期老化沥青、YG-1 再生沥青（YG-1 再生沥青用量 12%）4 种沥青样品在 -12℃、-18℃、-24℃时的劲度模量 S 和 m 值，分析YG-1再生沥青的低温性能，试验结果如表 4.8、图 4.8、图 4.9 所示。

低温性能参数测试结果　　表 4.8

样　品	试验温度（℃）	劲度模量 S（MPa）	m
原样沥青	-12	83	0.426
	-18	259	0.354
	-24	611	0.241
RTFOT 短期老化沥青	-12	103	0.390
	-18	288	0.330
	-24	643	0.232
RTFOT + PAV（20h）长期老化沥青	-12	140	0.370
	-18	582	0.307
	-24	1160	0.176
YG-1 再生沥青	-12	86.1	0.446
	-18	236	0.344
	-24	584	0.238

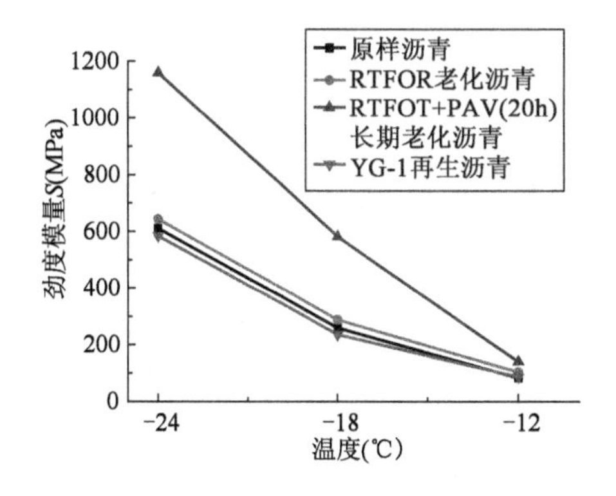

图 4.8　劲度模量 S 值随温度的变化规律

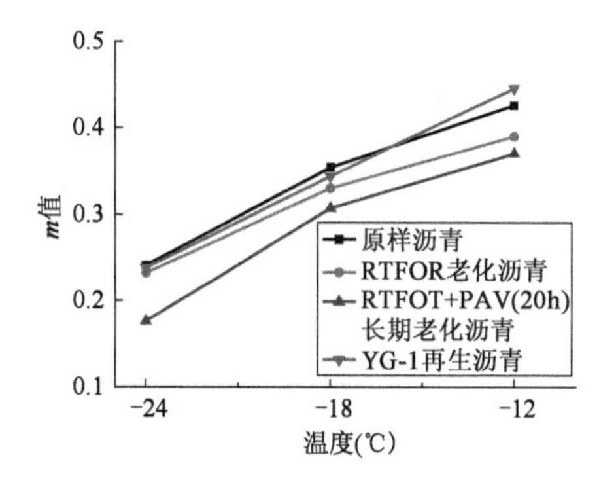

图 4.9　劲度模量 m 值随温度的变化规律

劲度模量 S 是指在某荷载作用时间和温度条件下应力和总应变的比值，蠕变率 m 是度模量 S 随时间的变化速率。劲度模量值越低，表明沥青的低温变形能力越好，m 值越大，表示沥青的松弛能力越好，低温性能越好。如图 4.8、图 4.9、表 4.8 所示，随着温度的降低，4 种沥青的劲度模量 S 都呈现升高的趋势，其中原样沥青、RTFOT 短期老化沥青、YG-1 再生沥青的劲度模量 S 相近，RTFOT + PAV(20h) 长期老化沥青劲度模量 S 值偏大，且随着温度的降低劲度模量 S 降低速率快于其余三种沥青。m 值表现出与劲度模量 S 相反的变化规律，四种沥青都随着温度的降低而降低，不同温度下 RTFOT + PAV(20h) 长期老化沥青的 m 值均最小，原样沥青和 YG-1 再生沥青在不同温度下的 m 值接近，说明 YG-1 再生沥青低温松弛能力与原样沥青相近，低温性能较好。

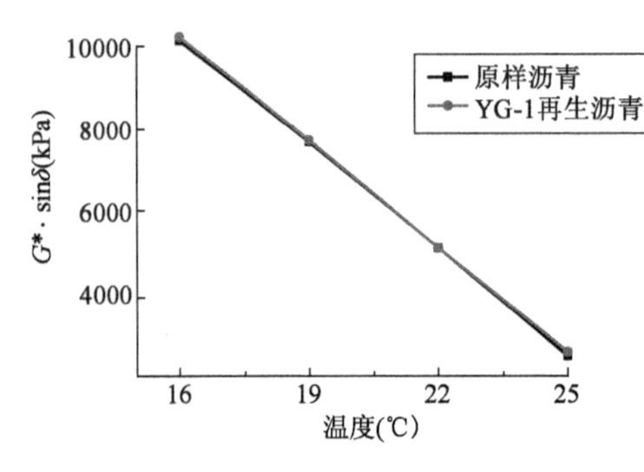

图 4.10 疲劳因子 $G^* \cdot \sin\delta$ 随温度的变化规律

3) 疲劳性能参数测试及评价

将原样沥青和 YG-1 再生沥青进行 RTFOT + PAV(20h) 长期老化，得到两种沥青的长期老化沥青，参照 SHRP 研究成果，取 25℃、22℃、19℃、16℃四个温度进行对两种长期老化沥青疲劳因子的测定，测定结果如表 4.9 所示、图 4.10 所示。

不同温度下疲劳因子 $G^* \cdot \sin\delta$ 测试结果 表 4.9

样品种类	温度(℃)	复数剪切模量 G^* (kPa)	相位角 δ (°)	疲劳因子 $G^* \cdot \sin\delta$ (kPa)
原样沥青 [RTFOT + PAV(20h) 长期老化]	25	4237.53	49.6	3225.84
	22	6610.26	46.5	4793.04
	19	10297.07	43.2	7045.96
	16	15908.86	40.0	10221.71
YG-1 再生沥青 [RTFOT + PAV(20h) 长期老化]	25	4352.63	48.8	3273.74
	22	6693.84	45.7	4788.84
	19	10583.61	42.1	7092.61
	16	16413.51	39.1	10347.20

由结果可知，再生沥青与原样沥青经过长期老化后在不同温度下的疲劳因子接近，随着温度的增加，两种沥青的疲劳因子逐渐减小，即材料柔性越好，

抗疲劳能力越强。可知 YG-1 再生沥青疲劳性能与同等条件下的原样沥青相近。

4)再生沥青和原样沥青的 PG 分级

按照 Superpave 沥青胶结料规范中对沥青性能等级的划分方法,对 YG-1 再生沥青和原样沥青进行了 PG 分级,对比二者在分级上的差别。不同温度下测得的沥青的车辙因子 $G^*/\sin\delta$ 数据见表 4.10。

不同温度下测得的沥青的车辙因子 $G^*/\sin\delta$ (单位:kPa)　　表 4.10

温度(℃)	原样沥青		YG-1 再生沥青	
	未老化	RTFOT 短期老化	未老化	RTFOT 短期老化
40	31.80	51.61	31.68	53.10
46	12.00	19.78	11.28	20.08
52	4.93	7.97	5.22	8.63
58	2.09	3.34	2.27	3.62
64	0.96	1.52	1.05	1.64

按照 PG 分级的要求,原样沥青车辙因子 $G^*/\sin\delta \geq 1$kPa、RTFOT 老化后沥青车辙因子 $G^*/\sin\delta \geq 2.2$kPa,可知两种沥青的高温等级同属 58℃。

由 4.1.3 节"3)疲劳性能参数测试及评价"的试验结果可知,当温度高于为 22℃时疲劳因子 $G^* \cdot \sin\delta \leq 5000$kPa,按照 PG 分级的相关要求,对 -12℃时 RTFOT短期老化、RTFOT + PAV(20h)长期老化后的原样沥青和 YG-1 再生沥青的劲度模量 S 和 m 值进行测试,测试结果如表 4.11 所示。

-12℃时劲度模量 S 和 m 值的测试结果　　表 4.11

参数	原样沥青		YG-1 再生沥青	
	RTFOT 短期老化	RTFOT + PAV(20h)长期老化	RTFOT 短期老化	RTFOT + PAV(20h)长期老化
劲度模量 S(MPa)	103	140	112	153
m 值	0.390	0.370	0.384	0.355

按照 PG 分级的要求,老化沥青的劲度模量 $S \leq 300$MPa,$m \geq 0.3$ 时符合分级要求,由此可知,两种沥青的 PG 分级结果均为 PG58-22,属同一等级。

4.2 沥青再生的微观分析

4.2.1 四组分分析

沥青四组分及饱和分、芳香分、胶质和沥青质四种组分，由于每一种组分表现出不同的性质，可通过各组分的比例大致推测出沥青的性质。通过化学手段进行沥青四组分分析，是分析沥青性能的一种常见方法。四组分中的沥青质影响沥青的高温性能，含量越高高温性能越好；胶质主要影响沥青的黏附性，增加沥青的延度；芳香分可以使得沥青胶体体系稳定；饱和分主要是饱和的轻质油分，含量过高会影响沥青的稳定性。合理的沥青四组分是保证沥青性能的必要条件。

本节采用《公路工程沥青及沥青混合料试验规程》(JTG E20—2011)中四组分的测定方法，分别对原样沥青、RTFOT 短期老化沥青、RTFOT + PAV(20h)长期老化沥青和 YG-1 再生沥青的四组分进行了测定，分析四种沥青组分变化规律，验证 YG-1 的再生效果。沥青四组分分析设备如图 4.11 所示，测试结果如表 4.12、图 4.12 所示。

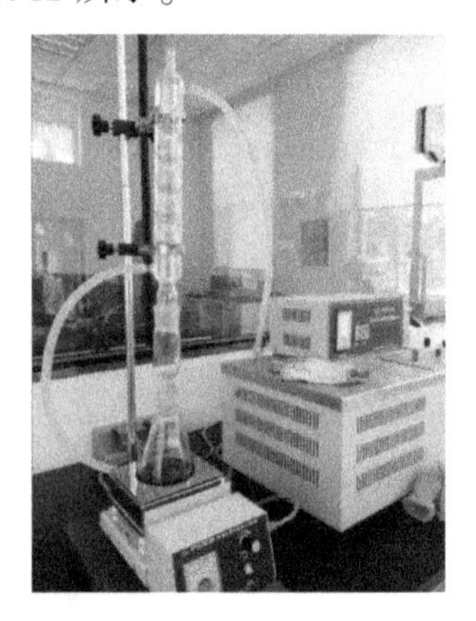

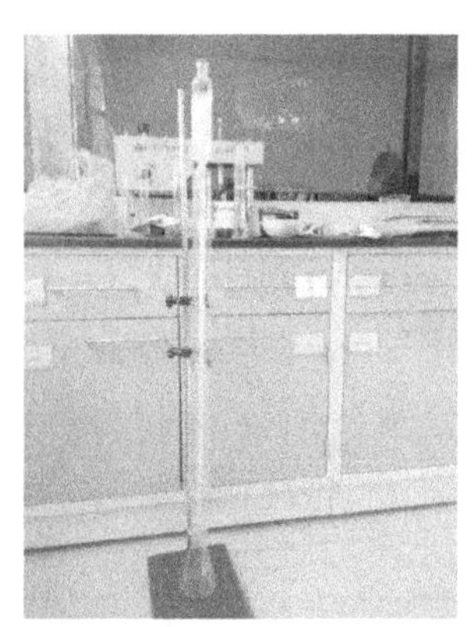

图 4.11 沥青四组分分析设备

4 种沥青的四组分试验结果 表 4.12

沥青种类	沥青质(%)	胶质(%)	芳香分(%)	饱和分(%)
原样沥青	9.42	27.44	41.12	22.02
RTFOT 短期老化沥青	11.12	28.69	39.53	20.66
RTFOT + PAV(20h) 长期老化沥青	13.57	30.51	36.27	19.65
YG-1 再生沥青	9.82	27.41	41.05	21.72

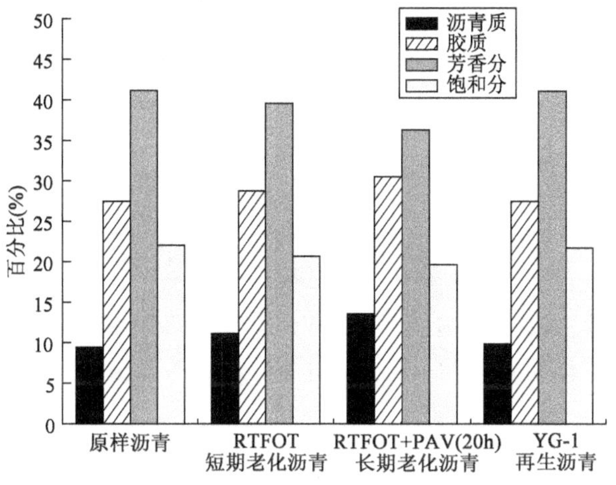

图 4.12　四种沥青的四组分试验结果

由试验结果可知,经过 RTFOT 短期老化和 RTFOT + PAV(20h)长期老化后的沥青饱和分和芳香分的含量减少,沥青质和胶质的含量增加。短期老化过程的饱和分的减少量高于长期老化过程,分析是由于饱和分在加热过程中容易挥发,在短期老化过程中大量易挥发的饱和分已经挥发,在长期老化中易挥发的成分逐渐减少,挥发量减少所致。芳香分在热氧作用下易被氧化、缩合反应,使得芳香分向胶质转变。沥青质的含量增加是由于胶质反应生成沥青质,沥青老化的过程主要是芳香分—胶质—沥青质组分转化的结果。

在 RTFOT + PAV(20h)长期老化沥青中加入 YG-1 再生沥青后进行四组分分析,发现与 RTFOT + PAV(20h)长期老化沥青相比,再生沥青中的饱和分、芳香分含量增加,沥青质胶质含量降低,成分组成向原样沥青靠拢;与原样沥青相比,再生沥青中的沥青质相比原样沥青有所增加,胶质、饱和分、芳香分含量略有降低。分析原因是,YG-1 再生沥青中含有大量的芳香分和一定量的饱和分,加入老化沥青后一方面通过组分调节作用补充了老化沥青中减少的芳香分和饱和分,另一方面由于芳香分对沥青质有一定的溶解作用,在整个再生过程中老化沥青中的沥青质部分被溶解,最终导致沥青质的含量降低,组分得到还原。为量化 YG-1 再生沥青再生效果,本节对比分析了四组沥青样品的胶体指数(I_c)。沥青的胶体指数(I_c)反映沥青的溶胶-凝胶密度,同种沥青其值越小沥青老化程度越高,反之,则老化程度低,计算公式如式(4.4)所示,四组沥青的胶体指数(I_c)计算结果如表 4.13 所示。

$$胶体指数(I_c) = \frac{胶质 + 芳香分}{沥青质 + 饱和分} \tag{4.4}$$

四种沥青的胶体指数 I_c 表4.13

沥青种类	胶质+芳香分(%)	沥青质+饱和分(%)	胶体指数 I_c
原样沥青	68.56	31.44	2.18
RTFOT 短期老化沥青	68.22	31.78	2.15
RTFOT+PAV(20h)长期老化沥青	66.78	33.22	2.01
YG-1 再生沥青	68.46	31.54	2.17

由胶体指数(I_c)的计算结果可知,YG-1 再生沥青使老化沥青的 I_c 由 2.01 恢复到2.17,与原样沥青 I_c(2.18)基本相同,老化沥青得到了恢复。

4.2.2 红外光谱分析

红外光谱试验是沥青化学结构分析中最常见的分析手段之一,在沥青微观分析中有着广泛的应用。当红外线照射样品时,可以被分子吸收引起振动和转动能级的跃迁。在沥青分析中,只要将得到的沥青红外光谱图与常见官能团的吸收峰位置及强度做出对照,即可得出沥青在不同状态下官能团变化情况。本书利用红外光谱,对原样沥青、RTFOT 短期老化沥青、RTFOT+PAV(20h)长期老化沥青和 YG-1 再生沥青的官能团变化进行分析,从官能团变化角度进行再生效果分析。四种沥青的红外谱图如图 4.13 所示。

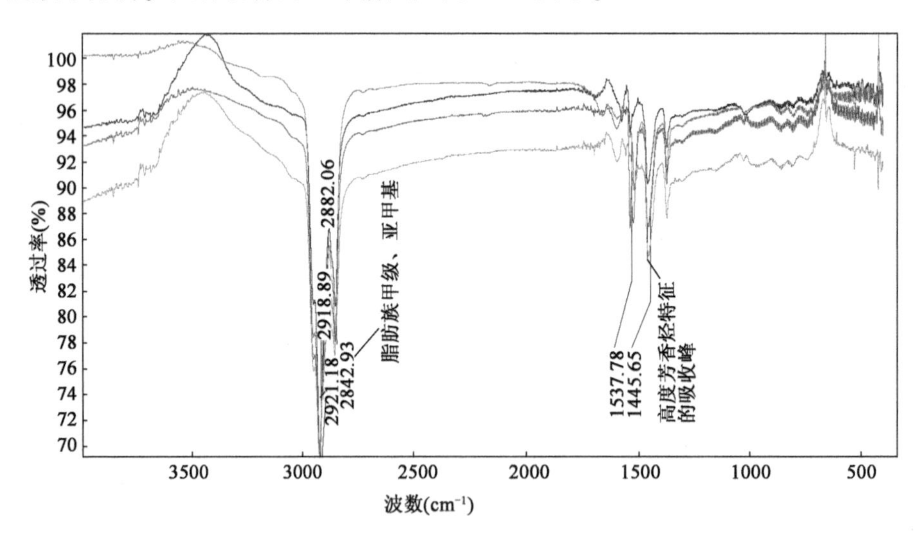

图4.13 四种沥青的红外谱图

由四种沥青的红外谱图对比可知，YG-1 再生沥青和不同老化状态下沥青的特征吸收峰位置基本相同。2923cm^{-1}和 2845cm^{-1}为脂肪族甲基—CH_3及亚甲基—CH_2—伸缩振动峰；沥青中芳环形式存在的 C ═ C 伸缩振动频率位于1370 ~ 1610cm^{-1}之间，在此区间出现了 3 ~ 4 个吸收峰，分别位于(1380 ± 10) cm^{-1}、(1600 ± 10) cm^{-1}和 1450 ~ 1500cm^{-1}，其中 1450 ~ 1500cm^{-1}和 1600cm^{-1}是具有高度芳香烃特征的吸收峰，其峰强明显降低，C ═ C 逐渐减小，说明在老化过程中双键发生了氧化反应，说明沥青随着老化芳香分减少。

为进一步分析沥青老化和再生过程中官能团的变化规律，同时减少由于制样厚度等因素对试验结果造成的影响，本书采用甲基亚甲基吸收峰(2923cm^{-1}和 2845cm^{-1})面积、芳环形式存在的 C ═ C 吸收峰(1370 ~ 1610cm^{-1})面积除以全部峰谱(450 ~4000cm^{-1})面积，表征沥青老化和再生过程中两组官能团的变化规律，两比值分别记为 I_{CH_3/CH_2}、$I_{CH_2=CH_2}$，计算公式如式(4.5)和式(4.6)所示。计算结果如表 4.14 所示。

$$I_{CH_3/CH_2} = \frac{A_{CH_3/CH_2}}{A_{总}} \tag{4.5}$$

$$I_{CH_2=CH_2} = \frac{A_{CH_2=CH_2苯环}}{A_{总}} \tag{4.6}$$

不同沥青 I_{CH_3/CH_2}、$I_{CH_2=CH_2}$ 计算结果 表 4.14

沥青种类	计算指标	
	I_{CH_3/CH_2} (%)	$I_{CH_2=CH_2}$ (%)
原样沥青	27.7	21.7
RTFOT 短期老化沥青	23.9	19.1
RTFOT + PAV(20h) 长期老化沥青	16.5	12.8
YG-1 再生沥青	25.1	22.3

由 I_{CH_3/CH_2}、$I_{CH_2=CH_2}$ 的计算结果可知，官能团变化规律与前面分析基本符合。加入 YG-1 再生沥青后，位于 2923cm^{-1}、2845cm^{-1}和 1370 ~ 1610cm^{-1}之间吸收峰得到了恢复，说明再生剂中的再生成分通过组分调节，使沥青组分得到了恢复。同时，再生后的红外谱图没有其他明显的特征峰值出现，说明 YG-1 中的微波敏感材料和表面活性剂对沥青官能团的影响不大。

4.2.3 扫描电镜分析

本小节利用日立 S4800 扫描电镜对原样沥青、RTFOT 短期老化沥青、RT-FOT + PAV(20h)长期老化沥青和 YG-1 再生沥青 4 种沥青的微观表面性状进行观察,如图 4.14 ~ 图 4.17 所示。

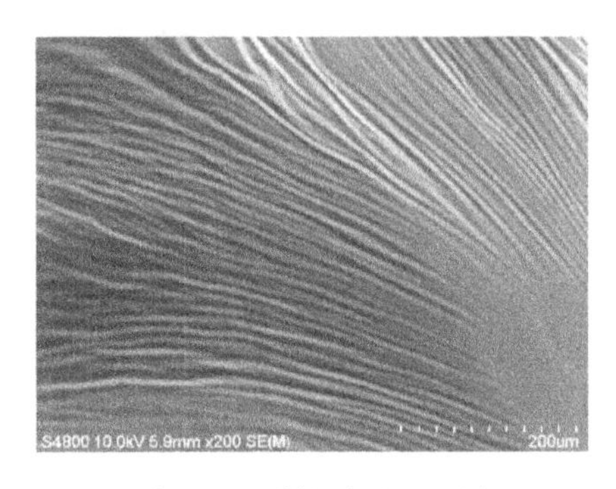

图 4.14　原样沥青的 SEM 图

图 4.15　RTFOT 短期老化沥青的 SEM 图

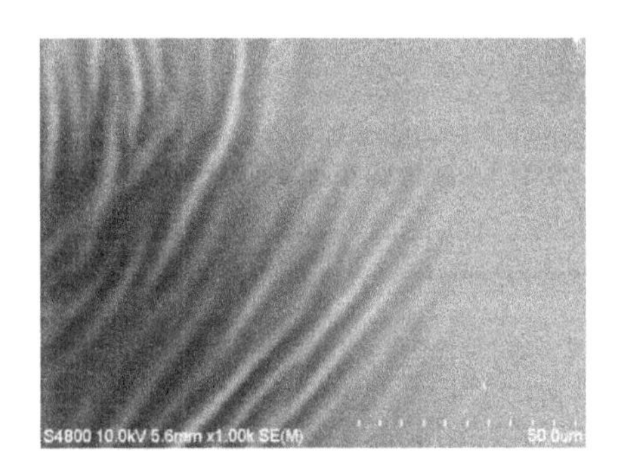

图 4.16　RTFOT + PAV(20h)长期老化沥青的 SEM 图

由图 4.14 ~ 图 4.16 可以看出,原样沥青、RTFOT 短期老化沥青、RTFOT + PAV(20h)长期老化沥青的表面形貌类似,并没有发生较大变化,3 种沥青表面呈现出相对均匀的条纹状分布,表面光滑无杂质。分析原因,是由于虽然沥青随着老化,组分和官能团发生改变,但沥青的表面性状并没有发生大的变化,因此 3 种沥青的 SEM 图基本相同。YG-1 再生沥青与前 3 种沥青有较大的区别,沥青的表面性状发生了较大的改变,如图 4.17 所示。YG-1 再生沥青的表面不再呈现均匀的条纹状分布,而是在沥青表面部分区域出现不均匀的突起,将突起进一步放大进行观察,发现突起部分为不规则类似片状的结构,突起部分与沥青结合紧密,在单位区域分布的数量大致相同。结合 YG-1 再生沥青的组成进行分析,推断突起部分的物质应为YG-1再生沥青中的微波敏感型材料。由于微波敏感型材料较为稳定,在沥青的再生过程中整体得到了保留,相对均匀地分布在沥青中,因此在沥青表面出现了楔入沥青体内部的突起分布。

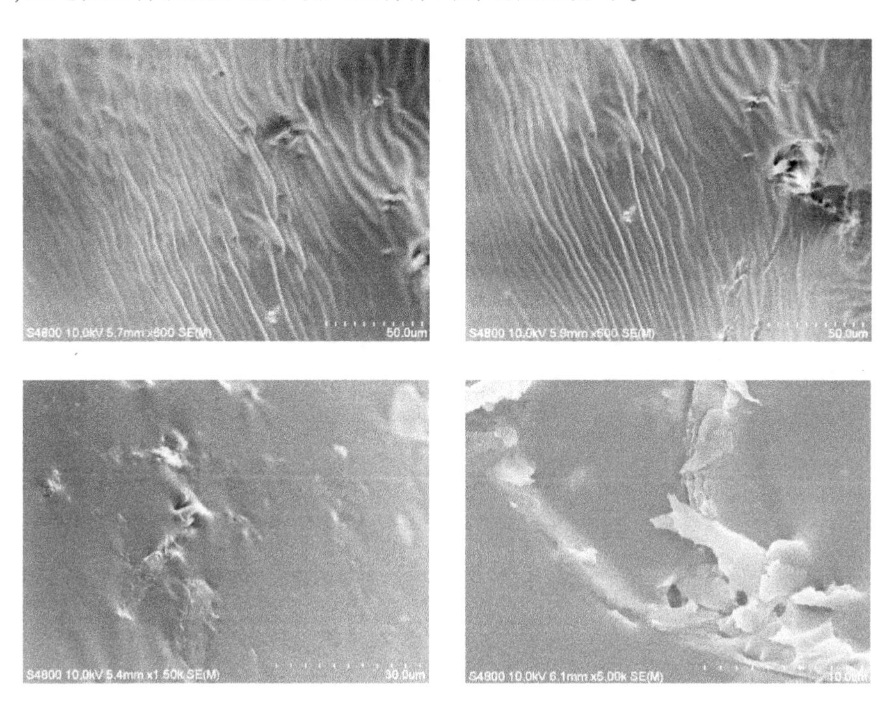

图4.17 YG-1再生沥青的SEM图

4.2.4 热重分析

热重分析(Thermal Gravity Analysis,TG)曲线是代表物质随温度的变化的失重量;DTG是单位时间内物质的失重速率,单位是μg/min。本节通过分析YG-1再生沥青和原样沥青随温度变化而产生的失重变化规律,分析YG-1再生沥青的热稳定性,由于在沥青使用过程中,沥青的温度一般不超过200℃,因此本小节选取0~300℃温度区间进行热重分析,以期评价YG-1再生沥青再生过程中的热稳定性。TG、DTG在空气环境下的试验结果如图4.18和图4.19所示。

由图可知,YG-1再生沥青和原样沥青在0~200℃的升温过程中,两者的质量变化较小,YG-1再生沥青的质量略有增加,分析是由于YG-1再生沥青中的再生成分被氧化所致,与2.4.3节中的结论相对应。当超过200℃时,二者的质量变化开始变得明显。YG-1再生沥青的质量损失量和质量损失速率均快于原样沥青,分析原因是 YG-1 再生沥青中的芳香族溶剂油中部分成分在温度高于200℃时与原样沥青中的组分相比,容易挥发所致。但由于沥青在使用过程中往往不超过200℃,因此 YG-1 再生沥青在实际使用过程中不受影响,YG-1 再生沥青具有很好的热稳定性。

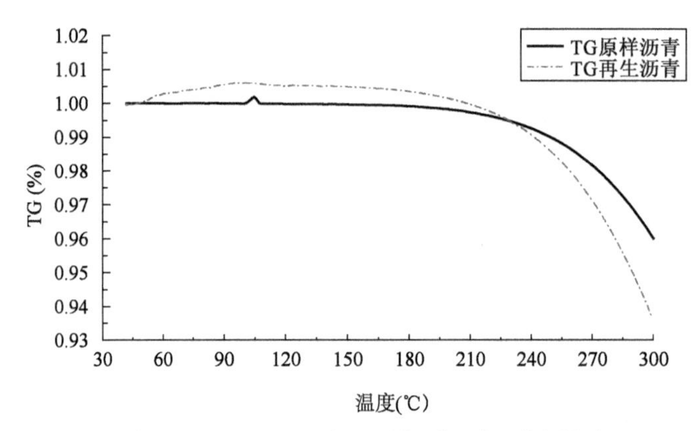

图 4.18 YG-1 再生沥青和原样沥青的热重分析图

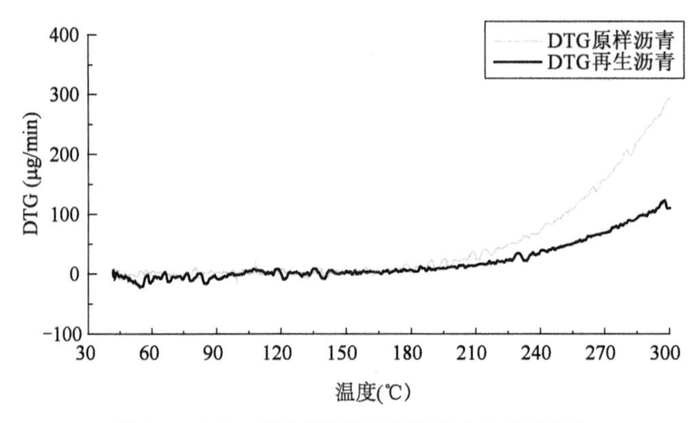

图 4.19 YG-1 再生沥青和原样沥青的失重速率图

4.3 微波敏感乳液型再生剂再生机理

4.3.1 沥青再生机理简述

现阶段主流的老化沥青再生机理有两种,即组分调和理论和相容性理论。

组分调节理论认为沥青老化是由于氧化作用、挥发作用、聚合作用等引起的沥青组分迁移,最终导致沥青原有的胶体体系发生破坏,沥青性能衰退。根据组分调节理论,沥青的再生通过添加芳香分、饱和分等恢复沥青原有的胶体体系,使沥青恢复协调性,进而恢复沥青原有的性能。

相容性理论认为沥青是一种以沥青质为溶质、软沥青质为溶剂形成的高分子溶液,沥青能否形成稳定的溶液取决于二者之间的相容性。当沥青质的溶解度参数与软沥青质的溶解度参数接近时,沥青就具有良好的路用性能。沥青老化后沥青质与沥青溶质之间的溶解度参数扩大,最终导致沥青不稳定,性能变差。根据相容性理论,沥青的再生过程是降低沥青质和沥青溶质之间的溶解度参数差的过程,再生剂降低软沥青质与沥青质之间的溶解度参数的差值,改善软沥青质与沥青质之间的相容性,恢复沥青的路用性能。

4.3.2 微波敏感乳液型沥青再生剂再生机理

本小节利用灰色关联分析法,分析沥青宏观性能和沥青组分、官能团变化之间的关联度,研究沥青性能变化与微观组分变化之间的关系,同时结合 YG-1 再生沥青再生过程的特殊性,阐述 YG-1 再生沥青的再生机理。

1)灰色关联分析法

灰色关联分析法是对一个系统发展变化态势定量描述和比较的方法,依据空间理论的数学基础,确定参考数列和若干比较数列之间的关联系数和关联度。关联度描述了系统发展过程中,因素之间相对变化的情况,如果两者在发展过程中相对变化基本一致,则认为两者关联度大;反之,则关联度小。

灰度关联的分析法中关联系数和关联度的求解步骤为:

(1)确定母数列和子数列。

$$\begin{aligned} x_0 &= \{x_0(k), k = 1,2,3,\cdots,n\} \\ x_i &= \{x_i(k), k = 1,2,3,\cdots,n\} \end{aligned} \qquad (i = 1,2,3,\cdots,m)$$

(2)数据变换。在灰关联分析中常用的数据变换方法有初值化处理、均值化处理、区间化处理、归一化处理等。结合本小节中设计数据列的特点,采用均值化处理方法进行数据处理。

$$\begin{aligned} y_0 &= \left\{\frac{x_0(k)}{\bar{x}_0}x_0(k), k = 1,2,3,\cdots,n\right\} \\ y_0 &= \left\{\frac{x_i(k)}{\bar{x}_i}x_i(k), k = 1,2,3,\cdots,n\right\} \end{aligned} \qquad (i = 1,2,3,\cdots,m)$$

其中，$\bar{x}_0$、$\bar{x}_i$ 分别为母数列和子数列的平均值。

(3)关联系数计算。设母数列为 $\{x_0(k)\}$，子数列为 $\{x_i(k)\}$，当 $k=t$ 时，母数列与子数列的关联系数：

$$\xi_{0i}=\frac{\Delta_{\min}+\rho\Delta_{\max}}{\Delta_{0i}(t)+\rho\Delta_{\max}}$$

式中：$\Delta_{0i}(t)=|x_0(t)-x_i(t)|$；

ρ——分辨系数，本次计算取0.5；

$\Delta_{\min}$、$\Delta_{\max}$——各时刻的绝对差最小值和最大值。

(4)关联度计算。

两数列的关联度可用两比较序列各时刻的关联系数平均值计算，即：

$$r_{0i}=\frac{1}{N}\sum_{k=1}^{N}\xi_{0i}(k)$$

式中：r_{0i}——数列 i 与数列0的关联度；

N——数列的长度。

2)沥青宏观性能与微观变化的灰关联分析

由4.2节中的四组分分析试验和红外光谱试验可知，沥青的老化和再生过程实际上是沥青的组分转移和官能团变化的过程。本节进行灰关联分析时，将沥青质(At)、胶质(R)、芳香分(Ar)、I_{CH_3/CH_2}、$I_{CH_2=CH_2}$ 值5个指标随老化和再生过程中变比值作为母数列，以58℃储能模量 G'、损耗模量 G''、复数剪切模量 G^*、相位角 δ、车辙因子 $|G^*|/\sin\delta$，-12℃劲度模量 S 和劲度模量变化率 m 值7个指标随老化和再生过程中变比值作为子数列，分析沥青宏观性能与微观变化之间的关联性。沥青老化和再生过程中微观结构指标和流变特性参数变化比值如表4.15所示。微观指标与流变参数灰关联分析结果如表4.16所示。

沥青老化及再生过程中各参数指标变化比值(单位：%)　　表4.15

参　数	原样沥青	RTFOT 短期老化沥青	RTFOT+PAV(20h) 长期老化沥青	YG-1 再生沥青
At比	85.4	100.8	123.0	90.7
R比	96.4	100.7	107.2	95.7
Ar比	104.2	100.2	92.0	103.6
I_{CH_3/CH_2}比	96.9	127.4	34.8	141.0

续上表

参　　数	原样沥青	RTFOT 短期老化沥青	RTFOT + PAV(20h) 长期老化沥青	YG-1 再生沥青
$I_{CH_2=CH_2}$比	99.8	114.8	17.6	167.7
G'比(58℃)	5.0	12.4	377.2	5.4
G''比(58℃)	24.3	38.5	310.9	26.2
G^*比(58℃)	23.2	37.0	314.6	25.1
δ比(58℃)	105.5	103.3	86.7	104.6
$\|G^*\|/\sin\delta$比(58℃)	22.2	35.6	318.0	24.2
S比(−12℃)	80.6	100.0	135.9	83.6
m比(−12℃)	104.4	95.6	90.7	109.3

微观指标与流变参数灰关联分析结果　　表4.16

微观指标	流变参数						
	G'	G''	G^*	δ	$\|G^*\|/\sin\delta$	S	m
At	0.871	0.880	0.880	0.641	0.879	0.639	0.666
R	0.882	0.859	0.861	0.688	0.863	0.604	0.743
Ar	0.862	0.835	0.837	0.754	0.839	0.588	0.625
I_{CH_3/CH_2}	0.822	0.817	0.818	0.672	0.818	0.729	0.653
$I_{CH_2=CH_2}$	0.821	0.818	0.818	0.669	0.819	0.719	0.637

由表4.16关联度分析结果可知：

(1)58℃储能模量G'、损耗模量G''、复数剪切模量G^*和车辙因子$|G^*|/\sin\delta$与沥青的组分和官能团变化关联度显著，关联度均大于0.8，即沥青的黏性、弹性以及抵抗变形能力受沥青组分变化和官能团变化影响较大。

(2)−12℃劲度模量变化率m值与胶质(R)含量变化的关联度较大，关联度为0.743，而受其他微观指标影响相对较小，−12℃劲度模量S受官能团的影响要高于组分的影响，即沥青的低温变形能力受官能团影响大于受组分的影响，胶质(R)的含量与沥青的松弛能力相关性较大。

(3)58℃相位角δ受芳香分(Ar)的影响最大，关联度为0.754，即沥青的黏性与弹性比例受芳香分(Ar)含量的影响较大。

3)再生机理分析

如第2章所述，YG-1再生沥青以乳液形式存在，不同于普通沥青再生剂，其除含有普通沥青再生剂中的再生组分外,还有微波发热材料、表面活性剂、水等成分,因此沥青再生机理与普通沥青再生剂有一定差异。结合 YG-1 再生沥青再生过程的特点和灰关联分析的结果,得出 YG-1 再生沥青的再生机理如下。

(1)通过组分调节恢复了沥青中各组分的比例和官能团数量。YG-1 再生沥青中的再生成分(芳香族溶剂油、增塑剂)与老化沥青融合后,补充了老化沥青中的芳香分和饱和分,使得老化沥青的组分和官能团数量得到了恢复,如4.2.1节和4.2.2 节所示。由4.3.2 节下的"2)沥青宏观性能与微观变化的灰关联分析"可知,沥青中各组分含量和官能团数量与沥青的流变性能的相关性较好,可知沥青组分比例和官能团数量的恢复是沥青性能恢复的根本原因。YG-1 再生老化沥青后,沥青质、胶质含量降低,芳香分、饱和分的含量升高,I_{CH_3/CH_2}、$I_{CH_2=CH_2}$ 值得到恢复,从而使沥青的流变性能参数得到了恢复,使再生沥青性能与原样沥青相近。

(2)微波发热材料和乳液体系加速了再生成分与老化沥青的融合。普通沥青再生剂与老化沥青的融合主要是通过浓度差扩散实现,而 YG-1 再生沥青中再生成分与老化沥青的融合除浓度差扩散作用外,还存在 3.2.3 节所述的"微爆扩孔"作用,即微波敏感型材料在微波作用下快速升温,在热量积聚到一定程度后 YG-1 再生沥青中的水分发生汽化,产生"微爆"作用加速了老化沥青与再生剂的融合。因此相比普通再生剂,YG-1 再生沥青具有与沥青更好的融合性。

(3)水的降黏作用。在温度相同的条件下,老化沥青的黏度随着再生剂与老化沥青的融合逐步降低,普通沥青再生剂的降黏主要依靠再生剂自身黏度较低的特点,通过调和作用来降低老化沥青的黏度,而由于 YG-1 再生沥青中水的存在,使沥青在再生过程中产生"发泡降黏"作用,从而使再生沥青获得更低的黏度,有利于再生路面的压实,可以在一定程度上避免由于路面加热温度过高导致沥青的"再次"老化。

(4)再生过程 YG-1 再生沥青温度持续补给。沥青再生过程中,首先要保证沥青和再生剂具有一定温度,才能使再生剂与老化沥青快速充分融合。结合 YG-1 再生沥青的再生过程可知,与普通再生剂不同,YG-1 再生沥青的热量主要依靠微波提供,由于微波具有穿透性,因此在 YG-1 再生沥青渗透到路面内部时,能得到持续的供热,使其始终保持一定的高温,保证了 YG-1 再生沥青和沥青在融合过程中的温度。

(5)再生沥青新功能。普通沥青再生剂主要由再生成分组成,而 YG-1 再生沥青由于微波敏感材料的存在,再生后的沥青中含有微波敏感材料。该材料的存在使得再生后的沥青具备一定的微波敏感性,在微波作用下有一定的"自愈合”能力,有利于沥青路面的后期养护。而且由于 YG-1 再生沥青中的微波敏感型材料含有纳米材料,在一定程度上能改善沥青的力学性能。

4.4　本章小结

本章通过对原样沥青、RTFOT 短期老化、RTFOT + PAV(20h)长期老化、YG-1再生沥青的流变参数、四组分及官能团变化进行研究,得出如下结论:

(1)通过温度扫描的方式分析了原样沥青、RTFOT 短期老化沥青、RTFOT + PAV(20h)长期老化沥青和 YG-1 再生沥青的储能模量 G'、损耗模量 G''、复数剪切模量 G^*、相位角 δ、车辙因子 $|G^*|/\sin\delta$,得出 YG-1 再生沥青的高温性能略高于原样沥青。

(2)通过弯曲梁流变仪对原样沥青、RTFOT 短期老化沥青、RTFOT + PAV(20h)长期老化沥青和 YG-1 再生沥青在 -12℃、-18℃、-24℃时的劲度模量 S 和 m 值进行了测试,得出原样沥青和 YG-1 再生沥青在不同温度下的 m 值和劲度模量 S 接近,YG-1 再生沥青的低温性能得到了恢复。

(3)利用四组分分析试验、红外光谱试验、扫描电镜试验和热重分析试验对原样沥青、RTFOT 短期老化沥青、RTFOT + PAV(20h)长期老化沥青、YG-1 再生沥青微观变化进行了研究,得出 YG-1 再生沥青组分和官能团的变化规律,从微观角度上分析了 YG-1 再生沥青的再生效果。

(4)通过灰关联分析法,结合 YG-1 再生沥青再生过程的特点,对 YG-1 再生沥青再生机理进行了研究,得出 YG-1 再生沥青的再生机理除了组分调节外,还有其特殊性,如再生过程温度持续补给、水的降黏作用、再生沥青新功能等特点,这些特点均有益于沥青性能的恢复。

第5章 再生混合料的配合比设计及性能研究

本章依托现行的马歇尔混合料设计方法，对比分析了80%旧沥青混合料(RAP)料含量的YG-1再生沥青混合料和某国产再生剂X再生沥青混合料的动稳定度、综合稳定指、低温弯拉应变、低温应变能、马歇尔残留稳定度、疲劳作用次数等指标，并与相同级配组成的70号沥青新拌沥青混合料进行了性能比较。

5.1 再生混合料的配合比设计

5.1.1 原材料性质

1)旧沥青混合料(RAP)指标

为了进行再生混合料的配合比设计，对RAP料中的沥青性能和RAP料的级配进行了测试。采用改进抽提法进行RAP料的处理，即抽提后采用离心法，去掉溶液中残留矿粉，以提取纯度较高的旧沥青；然后采用阿布森蒸馏法回收旧沥青。本书所采用的沥青混合料抽提仪和阿布森沥青回收仪，如图5.1、图5.2所示。

图5.1 沥青混合料抽提仪

图5.2 阿布森沥青回收仪

通过上述改进的抽提试验,测得了 RAP 料的基本技术参数、RAP 中的沥青含量、集料性能数据如表 5.1 ~ 表 5.3 所示,RAP 料的级配如图 5.3 所示。

沥青含量测试数据　　表 5.1

RAP 中沥青含量试验		第一组	第二组	均值
实测(g)	滤纸质量(离心前)	21.21	18.53	4.40
	滤纸质量(离心后)	21.45	19.03	
	RAP 料烘干后质量	1500.00	1545.00	
	离心后集料烘干质量	1430.80	1473.70	
	坩埚质量	50.23	49.00	
	燃烧后坩埚 + 矿粉质量	53.25	51.76	
试验结果(%)	RAP 料中旧沥青含量	4.396	4.440	

RAP 抽提后的集料密度测试　　表 5.2

检 测 项 目	抽提试验结果	
	0 ~ 2.36mm	2.36mm 以上
集料表观相对密度	2.637	2.747
集料表干相对密度	—	2.722
集料毛体积相对密度	—	2.707
集料吸水率(%)	—	0.544

RAP 技术性质试验结果汇总表　　表 5.3

项　　目	检 测 项 目	要求	试 验 方 法	检 测 结 果
RAP	含水率(%)	实测	《公路沥青路面再生技术规范》(JTG/T 5521—2019)附录 A	0.09
	RAP 级配	实测		见图 5.3
	沥青含量(%)	实测		4.4
	砂当量(%)	>55		75
RAP 中的沥青	针入度(0.1mm)	>20	抽提,《公路工程沥青及沥青混合料试验规程》(JTG E20—2011)	38
	软化点(℃)	实测		58.8
	10℃延度(cm)	实测		7.45
	相对密度	实测		1.041
RAP 中的粗集料	针片状颗粒含量	实测	抽提,《公路工程集料试验规程》(JTG E42—2005)	7.70
	视密度(g/cm^3)	>2.6		2.71
	吸水率(%)	<2.0		1.3
	压碎值(%)	<26		19.6
	洛杉矶磨耗值(%)	<28		22.5

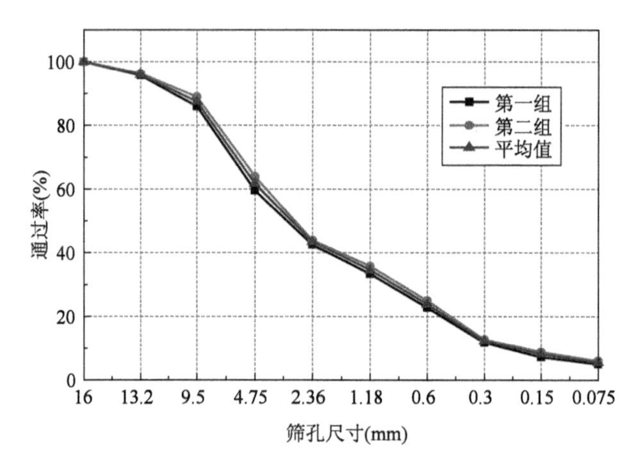

图 5.3　RAP 中集料筛分试验结果

从试验结果可以看出,集料性能满足施工技术规范对路面集料的技术要求,RAP 料满足回收再利用的要求。

2)新集料指标

采用石灰岩粗、细集料,其技术性能试验结果见表 5.4、表 5.5。矿粉技术性能试验结果见表 5.6。试验采用的粗细集料及矿粉技术性能均满足规范相关要求。

石灰岩粗集料技术性质试验结果　　表 5.4

检测项目	要求	粗集料试验结果			试验方法
		10～20mm	5～10mm	3～5mm	
表观相对密度	—	2.747	2.722	2.725	T 0304—2005
表干相对密度	—	2.721	2.667	2.556	T 0304—2005
毛体积相对密度	—	2.707	2.634	2.458	T 0304—2005
吸水率(%)	≤2.0	0.538	1.229	0.982	T 0304—2005
<0.075mm 含量(%)	<1	0.0	0.1	0.9	T 0302—2005
针片状颗粒含量(%)	<15	8.3	9.85	—	T 0311—2005

石灰岩细集料技术性质试验结果　　表 5.5

技术指标	单　位	试验值	要求值	试验方法
表观相对密度	—	2.705	≥2.5	T 0328—2005
砂当量	%	84	≥60	T 0327—2005
<0.075mm 含量	%	9.3	≤10	T 0349—2005

矿粉技术性质试验结果汇总表　　表5.6

技术指标	单位	试验值	要求值	试验方法
表观相对密度	—	2.694	≥2.5	T 0352—2000
<0.6mm	%	100.0	100	T 0351—2005
<0.15mm	%	92.0	90~100	T 0351—2005
<0.075mm	%	81.5	75~100	T 0351—2005

3)新沥青指标

本章试验选用壳牌70号基质沥青,沥青的基本性能指标如表5.7所示。

壳牌70号基质沥青技术指标试验结果　　表5.7

检测项目	单位	规范要求	实测值	试验方法
针入度(25℃,100g,5s)	0.1mm	60~80	69.8	T 0604
密度(15℃)	g/cm^3	实测值	1.030	T 0603
延度(5cm/min,10℃)	cm	≥20	>100	T 0605
软化点(环球法)	℃	≥46	47.4	T 0606
RTFOT后残留物				
质量损失	%	±0.8	-0.31	T 0609
残留针入度比	%	≥61	66.0	T 0609、T 0604
残留延度(10℃)	cm	≥6	8.8	T 0609、T 0605

4)再生剂指标

为对比YG-1再生混合料与普通热再生沥青混合料性能,本节除选用YG-1外,还选取了某国产热再生剂X进行再生混合料性能对比,某国产热再生剂X指标如表5.8所示。

再生剂X指标　　表5.8

检测项目	国产再生剂X	检验方法
芳香分(%)	54.32	T 0618
饱和分(%)	32.16	T 0618
黏度(cP)	21.2	T 0620
薄膜烘箱前后黏度比(%)	0.623	T 0620
薄膜烘箱前后质量比(%)	-1.324	T 0609
15℃相对密度	0.991	T 0603

5.1.2　再生混合料配合比设计

本小节对 YG-1 再生混合料、再生剂 X 再生混合料和新拌沥青混合料 3 种混合料进行配合比设计。混合料制作方法如下：

试验组 A：利用 YG-1 作为再生剂，将新集料、矿粉温度加热到 170℃、沥青加热到 160℃。回收的 RAP 料与 YG-1 拌和后放入微波炉内加热 5min 后（模拟微波软化沥青路面的过程），与新集料、新沥青、矿粉等在拌锅内拌和均匀，放入 165℃的烘箱内加热，待混合料温度升高到 165℃后进行混合料试件成型。

对照组 B：采用国产再生剂 X，将回收的 RAP 料、新集料、矿粉温度加热到 170℃、沥青加热到 160℃，放入拌锅内加入国产再生剂 X 后在 165℃拌和成型混合料试件。

对照组 C：70 号基质沥青新拌沥青混合料，将新集料、矿粉温度加热到 170℃、沥青加热到 160℃，在 165℃拌和成型混合料试件。

1）再生沥青混合料配合比设计流程

参照现行再生沥青混合料技术标准，再生沥青混合料采用马歇尔设计方法进行设计，流程如图 5.4 所示。

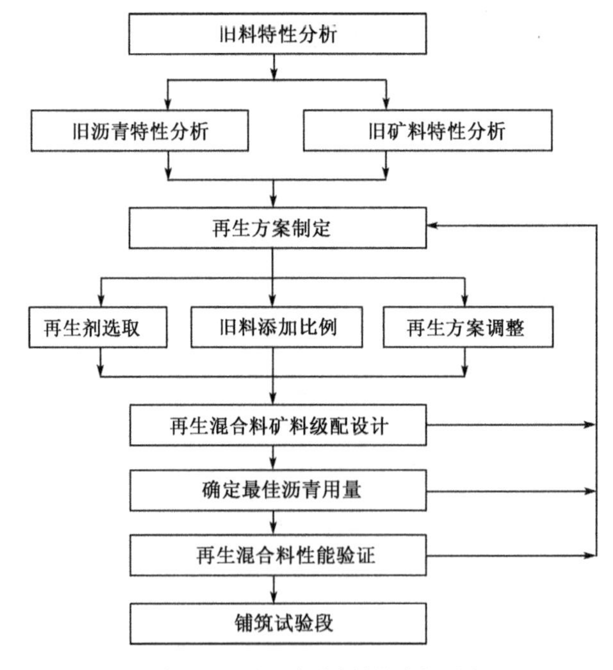

图 5.4　再生沥青混合料设计流程图

2)再生剂掺量的确定

本节采用针入度试验确定再生剂掺量,试验结果如表5.9所示。回归掺加两种再生剂沥青的针入度—掺量曲线,如图5.5和图5.6所示。最终确定试验组AYG-1的掺量为11.6% YG-1;对照组B掺量为6.8%再生剂X。掺加再生剂后旧沥青性能的标号接近70沥青。

回收旧沥青再生后针入度试验结果　　表5.9

试验组	再生剂占回收旧沥青掺量(%)	25℃针入度(0.1mm)			
		实测值		均值	
试验组A	6	50.7	52.2	51.4	51.43
	12	70.9	69.5	69.1	69.83
	18	93.9	92.9	92.1	92.97
对照组B	3	45.6	44.3	43.2	44.4
	6	63.5	63.2	63.6	63.4
	9	85.1	85.3	86.7	85.7

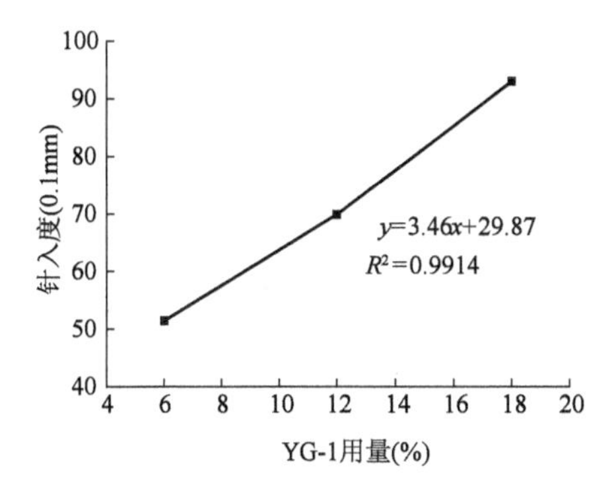

图5.5　再生沥青针入度随YG-1掺量的变化规律

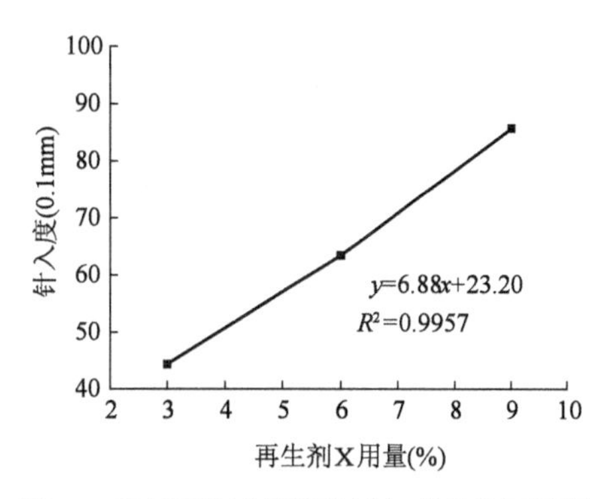

图5.6　再生沥青针入度随再生剂X掺量的变化规律

3)配合比设计结果

根据RAP集料筛分结果,选定再生混合料的级配类型为AC-13,确定试验组A和对照组B的RAP掺量为80%,再生混合料的合成级配见图5.7。其中对照组C采用逐档筛分的方法回配成与合成级配相同的级配。根据马歇尔试验方法确定3种混合料的最佳沥青用量。配合比设计结果如表5.10所示。

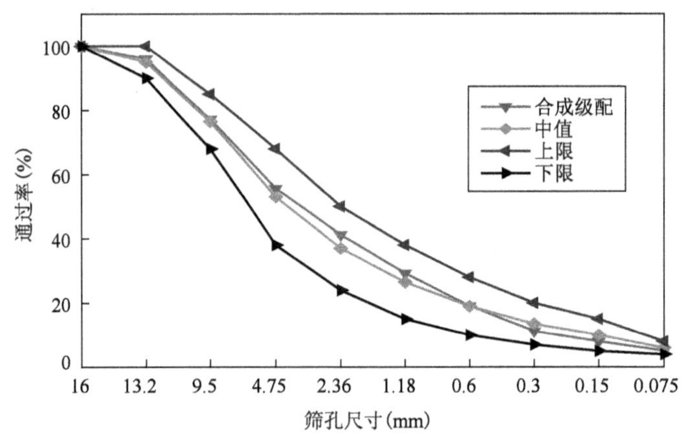

图5.7　再生混合料合成级配图

3组混合料马歇尔配合比设计结果　　表5.10

测试参数	混合料类型		
	试验组 A	对照组 B	对照组 C
沥青饱和度(%)	73.4	70.9	72.9
矿料间隙率(%)	14.3	14.1	14.8
空隙率(%)	3.8	4.1	4.0
稳定度(kN)	10.7	11.3	10.3
流值(0.1mm)	27	24	35
油石比(%)(新沥青占集料比例)	0.9	1.0	4.7
毛体积相对密度	2.464	2.474	2.468
最大理论密度(g/cm^3)	2.56	2.58	2.57

5.2　再生混合料性能研究

5.2.1　高温性能研究

本节采用沥青混合料车辙试验对3组沥青混合料的高温稳定性进行测试，对比分析了3组混合料的高温性能。

按照马歇尔配合比设计结果进行车辙试验。3种混合料的车辙试验结果如表5.11所示。

3 种混合料车辙试验结果 表 5.11

试验组	第 45min 变形（mm）	第 60min 变形（mm）	DS（次/mm）	温度（℃）	胎压（MPa）	规范要求
试验组 A	1.609	1.840	2734	60	0.7	≥1000（次/mm）
对照组 B	1.432	1.625	3276			
对照组 C	2.207	2.667	1389			

由车辙试验结果可以看出，试验段的 3 组沥青混合料的高温性能良好，均满足现行规范要求。对比试验结果，发现掺加 RAP 的再生混合料高温性能优于新拌沥青混合料。相比新拌沥青混合料对照组 C，再生沥青混合料试验组 A 和对照组 B 动稳定度分别提升了 98% 和 135%。

分析产生上述现象的原因，一是沥青混合料的抗剪强度由沥青的黏聚力和集料的内摩擦角共同决定，而 RAP 料表面沥青与集料的黏附性要高于新沥青与集料的黏附性，及混合料内黏聚力增加，从而使再生混合料的高温性能提高。另外一个原因是再生剂、新沥青与原混合料中的老化沥青融合不充分。虽然通过前期的试验验证了选取的再生用量可以使老化沥青还原为 70 号基质沥青的水平，但在整个加热和拌和过程中，三者的融合程度与新沥青还是存在一定差距，占再生料中比例较大的为老化沥青没有完全达到新沥青的标准，表现出较高的黏度，因此表现为较高的抗车辙能力。YG-1再生混合料的动稳定度低于再生剂 X 的再生混合料，可以看出 YG-1 与再生剂 X、老化沥青相比，有更好的融合效果。

沥青路面车辙的发展一般可分为 3 个阶段，即初期压密阶段、固结蠕变阶段和剪切失稳阶段，如图 5.8 所示。现行规范中动稳定度指标主要表征的是固结蠕变阶段渐近线的斜率，忽略了初期压密阶段的变形，而永久变形中包括了压密变形，因此存在动稳定度与实际车辙变形不符的情况。

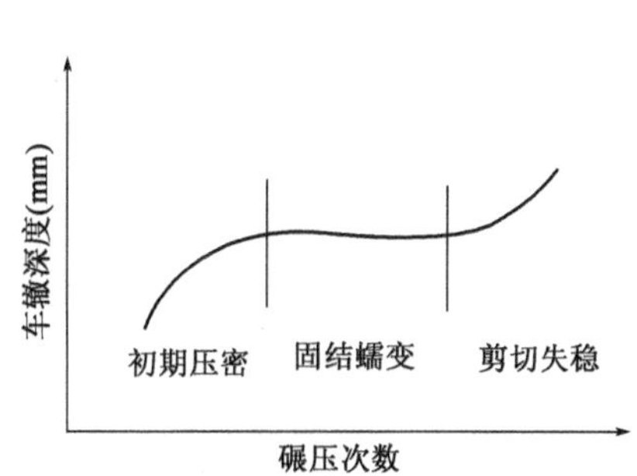

图 5.8 沥青混合料车辙变形发展示阶段

本书参照已有研究成果，利用综合稳定指数对三种混合料的高温性能进行了评价，该指标综合考虑了初期压密阶段、固结蠕变阶段混合料的变形，消除了动稳定度未考虑初期压密阶段变形的问题。综合稳定指数的计算公式如式(5.1)所示。

$$C = \frac{\mathrm{DS}}{d_{45}} \tag{5.1}$$

式中：C——沥青混合料综合稳定指数(次/mm^2)；

DS——沥青混合料动稳定度(次/mm)；

d_{45}—— 45min 所对应的车辙深度(mm)。

3 组混合料的综合稳定指数计算结果如表 5.12 所示。三种混合料的综合稳定指数从大到小排序为：试验组 B、对照组 A、对照组 C，得到的结果与动稳定度评价结果一致，相比新拌沥青混合料对照组 C，再生沥青混合料试验组 A 和对照组 B 综合稳定指数分别提升了 170% 和 263%，比动稳定度提高更多，说明再生混合混合料的压密阶段、固结蠕变阶段的变形均小于新拌沥青混合料。

3 组混合料综合温度指数计算结果 表 5.12

试 验 组	第 45min 变形(mm)	DS(次/mm)	综合稳定指数(次/mm^2)
试验组 A	1.609	2734	1699.2
对照组 B	1.432	3276	2287.45
对照组 C	2.207	1389	629.7

5.2.2 低温性能研究

本小节采用现行规范中的低温弯曲试验，对 3 组混合料成型的小梁试件弯拉应变和单位体积断裂能进行了计算，分析了 3 组混合料的低温性能。3 组沥青混合料的 -10℃ 弯曲试验结果见表 5.13 所示。

-10℃小梁弯曲试验结果 表 5.13

混合料类型	破坏时的最大弯拉应变(με)	破坏时的弯曲劲度模量(MPa)
试验组 A	2322.28	3530.67
对照组 B	2128.23	3769.83
对照组 C	2574.37	3302.10

分试验结果可知，3 组混合料的 -10℃ 最大弯拉应变从大到小排序为：新拌沥青混合料(对照组 C)、YG-1 再生混合料(试验组 A)、再生剂 X 再生混合料(试验组 B)。新拌沥青混合料的低温性能最好，YG-1 再生混合料次之，再生剂 X 再生混合料性能最差。沥青混合料低温抗裂性能与最大弯拉应变、破坏时的

弯曲劲度模量两个指标都相关,沥青混合料的应变越大,劲度模量越小,则低温抗裂性能越好。单独采用最大弯拉应变指标评价混合料的低温性能有失偏颇,因此本书借鉴现有研究成果,采用应变能进一步对混合料的低温性能进行评价。

所谓应变能是指以应变和应力的形式储存在物体中的势能,又称为变形能,在混合料低温弯曲试验中等于试验荷载对沥青混合料所做的功,用 W_{ϵ} 表示。沥青混合料储存能量的最大值称为断裂能,用 W_f 表示。根据沥青混合料应变能和断裂能定义,单位体积低温断裂能计算公式见式(5.2)。当应变能大于断裂能时,即认为沥青混合料发生低温开裂。断裂能由沥青混合料自身的材料性质决定,故可用沥青混合料的断裂能来表征沥青混合料的低温抗裂性能。

$$W_f = \int_0^{\varepsilon_c} \delta(\varepsilon)\,\mathrm{d}\varepsilon \tag{5.2}$$

式中:$\delta(\varepsilon)$——应力随应变的函数(MPa);

W_f——单位体积低温断裂能(MPa);

ε_c——应力峰值时的应变(με)。

根据式(5.2),得到本书3组沥青混合料的单位体积断裂能,结果见如表5.14所示。

3组混合料单位体积低温断裂能　　表5.14

沥青混合料类型	试验组 A	对照组 B	对照组 C
低温断裂能(MPa)	0.0512	0.0464	0.0579

通过对3组沥青混合料低温断裂能分析可以看出:3种混合料低温断裂能与弯拉应变评价结果一致,新拌沥青混合料的低温断裂能最高,其次是YG-1再生沥青混合料,再生剂X再生混合料低温断裂能最低。分析原因,虽然旧沥青性能得到一定程度恢复,但由于拌和过程中,RAP料中旧沥青与新沥青及再生剂未能充分融合,因此再生后沥青性能与新沥青仍存在一定差距,导致再生混合料低温性能要低于新拌混合料。而YG-1再生混合料的试验组A低温性能优于再生剂X的对照组B,间接说明YG-1的融合程度优于再生剂X,与5.2.1节中的结论相对应。

5.2.3　水稳定性研究

采用浸水马歇尔试验和冻融劈裂试验来评价水稳定性。3组沥青混合料的冻融劈裂结果如表5.15、表5.16所示。

3 组混合料残留稳定度试验结果 表 5.15

混合料类型	稳定度 MS (kN)	48h 浸水稳定度 MS_1 (MPa)	浸水残留稳定度 MS_0 (%)	规范要求
试验组 A	11.3	10.1	89.3	≥80%
对照组 B	12.0	10.2	85.1	
对照组 C	10.2	9.3	91.1	

3 组混合料冻融劈裂试验结果 表 5.16

混合料类型	未冻融 RT_1 (MPa)	冻融 RT_2 (MPa)	残留强度比 TSR(%)	规范要求
试验组 A	0.947	0.743	78.5	≥75%
对照组 B	0.973	0.728	74.8	
对照组 C	0.804	0.675	84.0	

分析数据可知,3 组混合料的浸水残留稳定度和冻融劈裂试验呈现出相同的规律,3 组混合料的水稳定性从大到小排序为:新拌沥青混合料(对照组 C)、YG-1 再生混合料(试验组 A)、再生剂 X 再生混合料(对照组 B)。在残留稳定度试验中,稳定度 MS 从大到小排序为再生剂 X 再生混合料(对照组 B)、YG-1 再生混合料(试验组 A)、新拌沥青混合料(对照组 C),与冻融劈裂试验中未冻融劈裂强度 RT_1 排序相同。

分析原因是再生混合料中的老化沥青与再生剂没有充分融合所致。再生过程中 RAP 料外表面的沥青先与再生剂和新沥青进行了融合,性能得到了恢复,而紧挨集料表面的沥青再生剂渗入量相对较少,恢复程度低,因此 RAP 料中的集料表面与沥青的黏附性相较新沥青有所减弱,在冻融和浸水过程中石料容易与沥青发生剥离,表现为水稳定性较差。YG-1 再生混合料的水稳性能优于再生剂 X 再生混合料,再次说明了 YG-1 与旧沥青的融合程度要高于普通热再生剂 X 再生混合料。

5.2.4 疲劳性能研究

为评价 3 组混合料的长期使用性能,本节采用 3 点小梁疲劳试验来评价 3 类混合料的疲劳能力,试验仪器为西安力创的沥青混合料疲劳试验机,如图 5.9

所示。

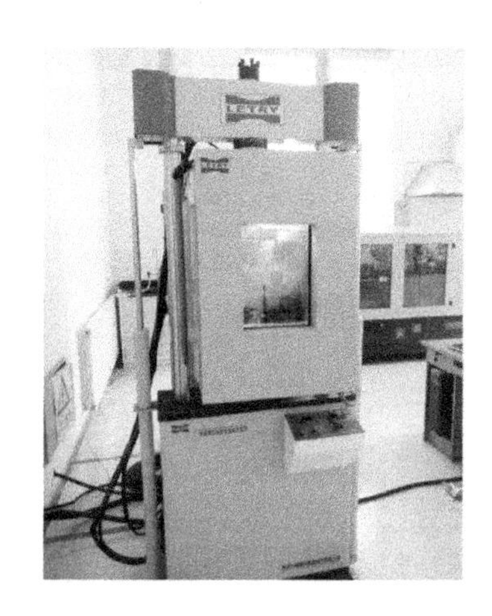

图5.9　沥青混合料疲劳试验机

混合料疲劳试验条件具体如下。

试验温度:15℃;

加载频率:10Hz;

加载波形:无间歇半正弦波;

加载方式:控制应力,中点加载;

应力水平:0.2%、0.3%、0.4%、0.5%;

试件尺寸:长25.0cm、宽4.0cm、高4.0cm、支点间距20cm。

为确定加载应力,在15℃、50mm/min加载速率下对3组混合料进行了小梁弯曲试验,试验结果如表5.17所示。

3组混合料小梁15℃弯曲试验结果　　表5.17

混合料类型	弯拉强度(MPa)	弯拉应变(με)	劲度模量(MPa)
试验组A	10.51	8461	1252
对照组B	10.83	7542	1433
对照组C	7.48	10793	704

取不同0.2%、0.3%、0.4%、0.5%这4个应力水平进行3组混合料的疲劳试验,试验结果如表5.18所示。

3 组混合料的疲劳试验结果 表 5.18

混合料类型	破坏荷载(kN)	应力水平(%)	疲劳次数平均值	标 准 差
试验组 A	1.287	0.2	20964	4.319
		0.3	6915	3.835
		0.4	2686	3.430
		0.5	1523	3.179
试验组 B	1.317	0.2	23196	4.359
		0.3	8418	3.921
		0.4	4298	3.622
		0.5	1191	3.062
试验组 C	0.915	0.2	11460	4.059
		0.3	6211	3.785
		0.4	2125	3.327
		0.5	1323	3. 102

采用疲劳特征方程(5.3)对试验结果进行回归:

$$\lg N_f = k + n(\sigma/s) \tag{5.3}$$

式中:N_f——试件破坏时的加载次数;

k——疲劳曲线截距;

n—— 疲劳曲线斜率;

σ/s —— 应力水平(%);

s——破坏应力值(N);

σ——疲劳试验加载最大应力值(N)。

疲劳方程将应力水平和疲劳寿命的对数进行线性回归,用回归曲线的截距 k 值和斜率 n 值来表征混合料的疲劳性能。曲线斜率 n 数值越大,疲劳曲线越陡,即疲劳寿命对应力水平的变化越敏感;截距 k 值越大,疲劳曲线的线位越高,表明混合料的抗疲劳性能越好。

将 3 种沥青混合的料疲劳试验数据进行回归,绘出以应力水平为横坐标,破坏时加载次数对数值为纵坐标的曲线。3 组混合料的疲劳曲线如图 5.10 所示,回归参数如表5.19所示。

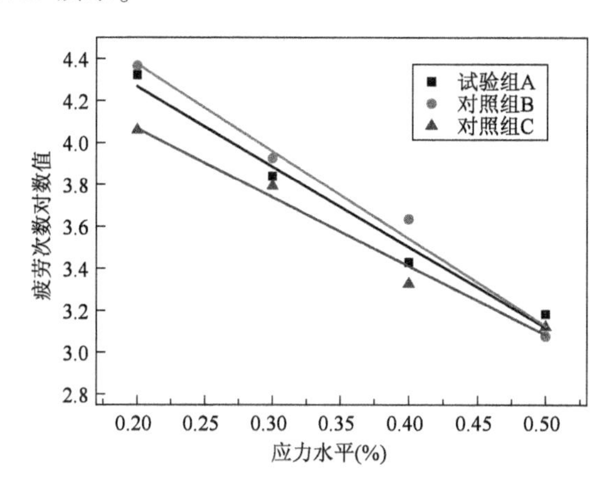

图5.10 3组混合料疲劳性能线性回归结果

3组混合料疲劳性能线性回归结果 表5.19

混合料类型	截 距 k	斜 率 n	相关系数 R^2
试验组A	5.137	-3.931	0.9862
对照组B	5.352	-4.217	0.9763
对照组C	4.815	-3.428	0.9841

分析试验结果可知,3组混合料均呈现应力水平增大,疲劳寿命降低的趋势,下降速率 n 最快的为再生剂X再生混合料,YG-1再生混合料次之,而新拌沥青下降速率最慢,说明再生混合料对应力水平较为敏感。在低应力水平下,再生剂X再生混合料疲劳性能最好,YG-1再生混合料次之,而新拌沥青最差。但随着应力水平的提高,再生剂X和YG-1再生的混合料疲劳性能与新拌沥青混合料相比变差,说明低应力水平下,RAP料的掺入在一定程度上可以提高混合料的疲劳性能,而在高应力水平下,再生混合料的疲劳性能与新拌沥青混合料相比差。

5.3 本章小结

本章对比分析了掺加YG-1的再生混合料、掺加再生剂X再生混合料和新拌沥青混合料的高温稳定性、低温抗裂性、水稳性能和疲劳性能。得出的主要结论如下:

(1)分析3组混合料的动稳定度和综合稳定指数,得出再生剂X再生混合料(对照组B)高温性能最好,YG-1再生混合料(试验组A)次之,新拌沥青混合料(对照组C)最差,再生混合料高温性能高于新拌沥青混合料。

(2)分析3组混合料的弯拉应变和应变能发现,两组再生混合料低温性能低于新拌沥青混合料,YG-1再生混合料(试验组A)的低温性能优于再生剂X再生混合料(对照组B),说明YG-1与普通再生剂X相比有更好的相容性。

(3)对比3组混合料的疲劳性能,发现低应力水平下,RAP料的掺入在一定程度上可以提高混合料的疲劳性能,而在高应力水平下,再生混合料的疲劳性能与新拌沥青混合料相比变差,再生混合对应力水平的敏感度要高于新拌沥青混合料。

(4)通过分析混合料的高温、低温、水稳以及疲劳性能,发现YG-1再生混合料的性能除高温性能外,均优于普通热再生剂X再生混合料,YG-1与旧沥青混合料相比有更好的相容性。

第6章 微波加热沥青路面数值仿真及原型机开发

本章通过 COMSOL MULTIPHYSICS 软件利用选定的喇叭天线进行路面温度场模拟,分别对添加 YG-1 前后,YG-1 渗透前后路面温度场的分布进行研究,并通过室内试验对模拟结果进行了验证。利用 HFSS 软件对不同排布形式的微波阵列在路面中能量分布均值、分布方差进行对比,最终确定了微波辐射原型机中天线阵列的排布方式,并参照模拟结果开发了沥青路面微波发射设备的原型机。

6.1 路面温度场仿真

6.1.1 天线的选型

微波天线的类型对微波作用效果至关重要,目前常用的加热沥青路面的天线类型有:喇叭口天线、矩形天线等。参考现有研究成果,在本次模拟中选用喇叭天线进行分析,喇叭天线由 3 个四边形块体组成,数值分析中建立等尺寸模型,模型和最终加工成型的成品试样如图 6.1 所示。

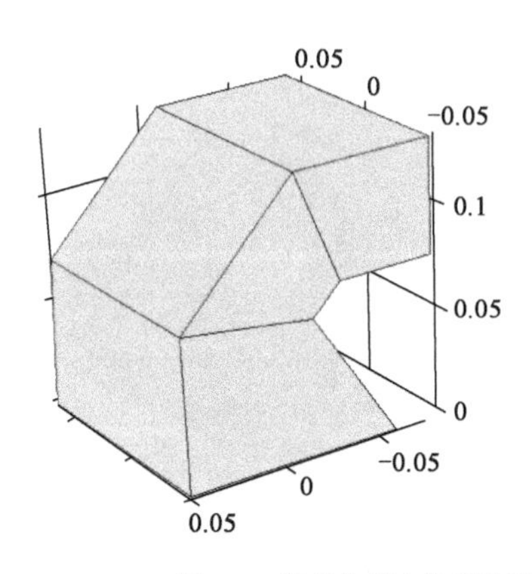

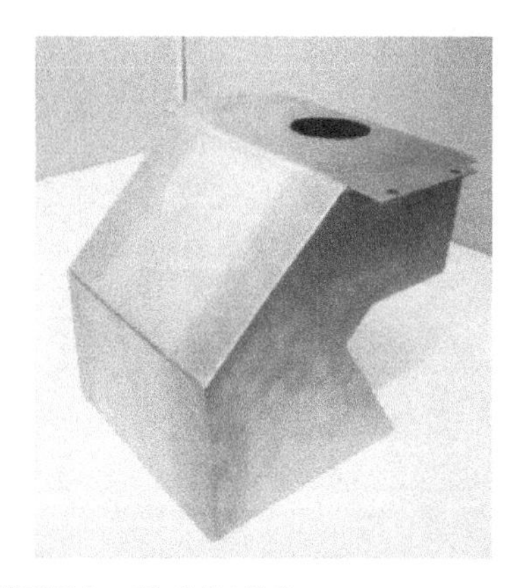

图 6.1 数值分析中的喇叭天线模型及加工的成品(单位:m)

6.1.2 仿真参数

本次模拟的参数除 YG-1 通过实测获得外，其余参数通过查阅相关文献获得，模拟中用到的参数如表 6.1 所示。

不同材料的参数表　　表 6.1

参　　数	单　　位	沥　　青	沥青混合料	YG-1	喇叭天线
相对介电常数	1	4	5	64.04	1
相对磁导率	1	1	1	1	1
电导率	S/m	2×10^{-4}	1.8×10^{-4}	5.05	5.998×10^{7}
热导率	W/(m·K)	0.7	2.177	0.683	400
密度	kg/m^3	1000	2630	980	8960
常压热容	J/(kg·K)	1670	950	3300	385
损耗角正切(tanδ)	—	0.001	0.034	0.4928	0

6.1.3 沥青路面温度场仿真

本节通过 COMSOL MULTIPHYSICS 建模，分析单喇叭天线加热沥青路面时沥青路面温度场的分布情况，对比路面在 YG-1 使用前后，以及 YG-1 渗入前后路面温度场的分布的差别，研究 YG-1 对路面温度场分布所起到的作用。

1)模型的建立

模型中沥青路面厚度为 100mm，腔体底部距路面距离为 10mm，路面顶部设置 1mmYG-1(或空气)层，用于模拟路面涂抹 YG-1 前后路面状况，见图 6.2。

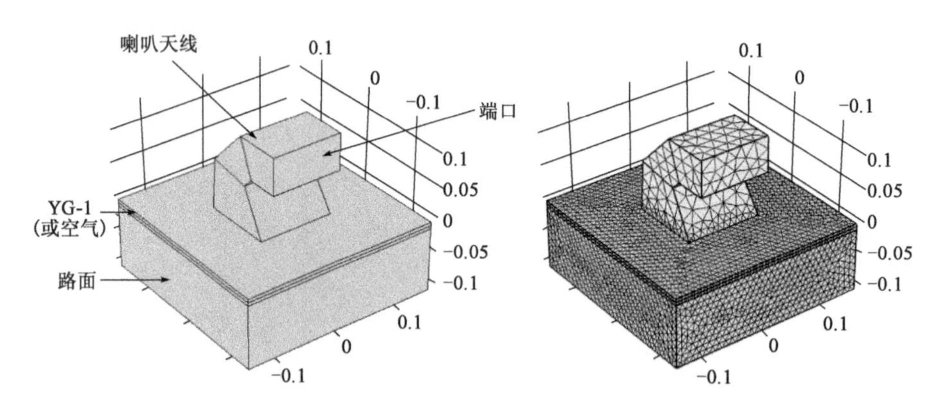

图 6.2　COMSOL MULTIPHYSICS 建立的单天线模型及有限元网格划分(单位：m)

2)边界条件

腔体端口采用矩形端口,微波发射功率为 1.0kW,模式为 TE_{10}。腔体边界为阻抗边界,沥青路面为散射边界。

3)模拟结果分析

模拟采用连续加热的方式,加热时间为 300s,模拟结束后查看沥青路面内不同时间步骤的温度场分布情况。

经过 300s 加热后,路面表面的温度分布如图 6.3 所示,由图可以看出,添加 YG-1 前后温度在沥青表面的分布区域基本相同,热量都集中在喇叭口下方,喇叭口中心区域温度最高,由中心向外逐渐降低,但未添加 YG-1 的沥青路面温度分布相比较为分散,添加 YG-1 的路面表面在靠近喇叭口内侧出现另一热量集中点。

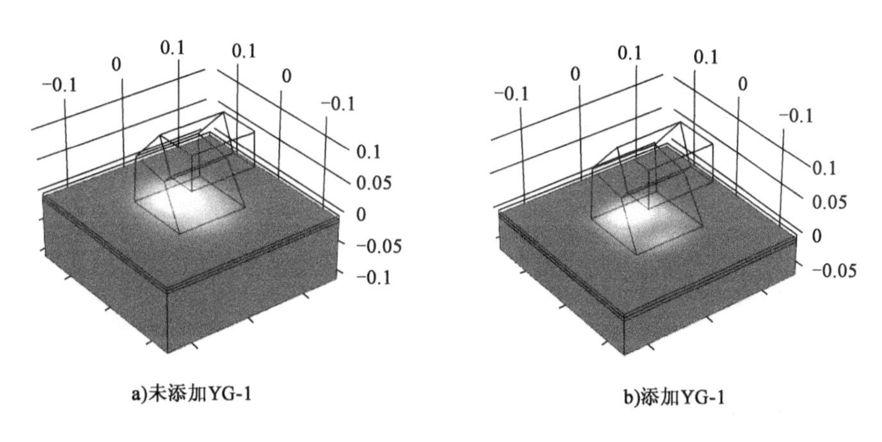

图 6.3 加热 300s 时路面表面场温度分布图(单位:m)

为更清楚地观察路面内部温度场的分布,对模型进行切片观察,切片位置位于模型对称轴上,如图 6.4 所示,并在切片上建立数据采集格栅,如图 6.5 所示。数据采集格栅包括 11 列 6 行 66 个数据观测点,第一行位于观察的沥青路面表面,以下各行间隔 10mm,用于观察路面 50mm 深度范围内的温度变化。

图 6.6 为微波加热 300s 时观测断面的温度分布图,由图可以看出,未添加 YG-1 的路面温度变化范围较添加 YG-1 的路面大,未添加 YG-1 的沥青路面温度变化集中在路面以下约 60mm 以内,60mm 以下的路面温度变化相对较小;添加 YG-1 的路面温度变化主要集中在路面下约 30mm 以内,超过 30mm 的沥青路面温度几乎没有发生变化。由此可以看出,YG-1 具有较强的“截波”能力,可以将微波能量截留到沥青路面表面,阻止微波进一步穿透,对于就地热再生可以避

免造成微波能量的浪费。

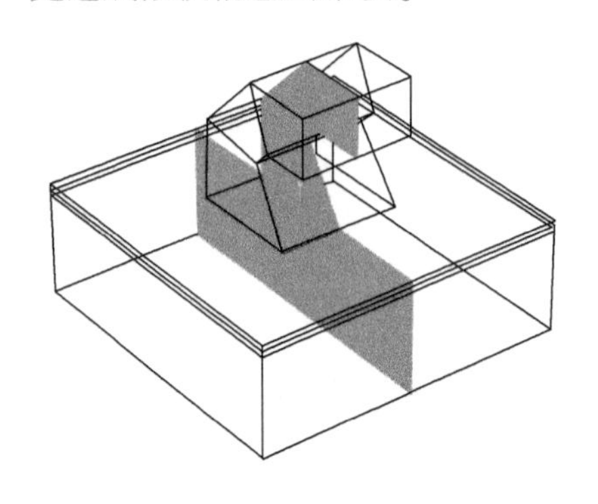

图6.4　观察断面截取位置

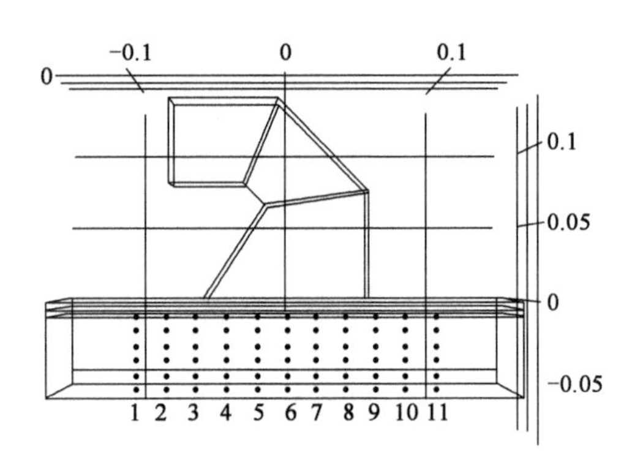

图6.5　数据采集格栅

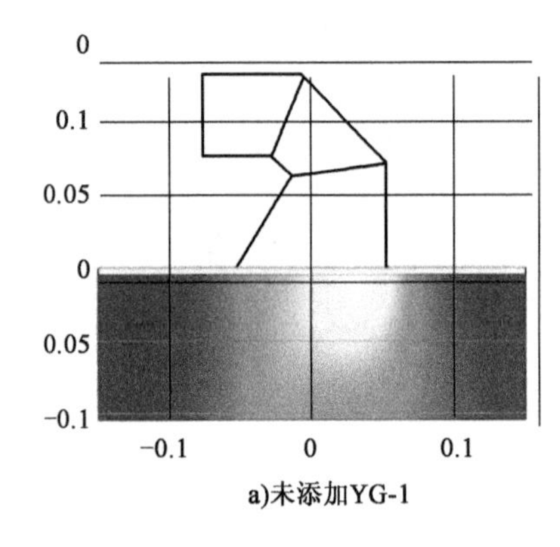

a)未添加YG-1

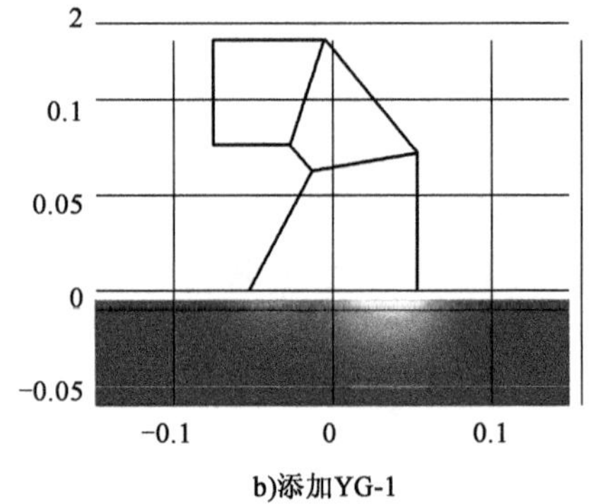

b)添加YG-1

图6.6　加热300s时观察断面温度分布规律(单位:m)

图6.7和图6.8分别表示加热300s和60s时添加YG-1前后数据采集格栅处沥青路面的温度,横坐标表示数据格栅的点位,纵坐标表示不同点位不同深度的温度值。由图可知,添加YG-1前后均呈现出路表温度高于路面内部温度的现象,即随着深度的增加温度递减。在加热300s时,添加YG-1后温度分布出现了较大的不同,未添加YG-1的路面路表温度最大值为73.1℃,路表面下50mm处为41.6℃,50mm温差为31.5℃;添加YG-1的路面路表温度最大值为487.0℃,而路表面下50mm处为16.0℃,温差将近471.0℃。添加YG-1后温度变化主要集中在表面下30mm内,30mm以下的温度基本没有发生变化,且温度降低幅度较大,表面下10mm的温度最大值为214.7℃,表面下20mm的温度最大值为91.6℃,表面下30mm的温度最大值为39.9℃,温度急剧降低。可以看

出,添加 YG-1 后,在相同微波功率和微波加热时间的条件下,路面温度大幅高于未添加 YG-1 的沥青混合料温度。添加 YG-1 60s 时的路面表面温度与未添加 YG-1 300s 的路表温度相近,由此可见,YG-1 能够显著提高路面的加热效率,且具有较好的截波作用,能够有效截留微波能量,使微波能在路面表面转化成为热量。表 6.2 ~ 表 6.5 给出了添加 YG-1 前后 300s 和 60s 时路面数据采集格栅的温度数据。

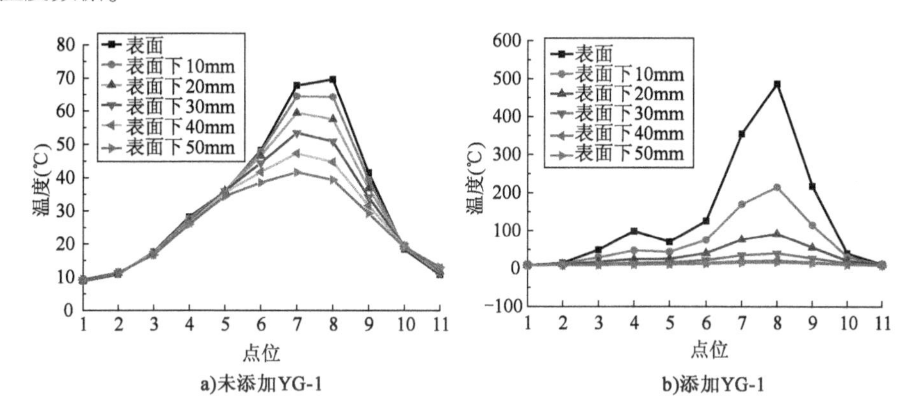

图 6.7 加热 300s 时数据采集格栅温度分布规律

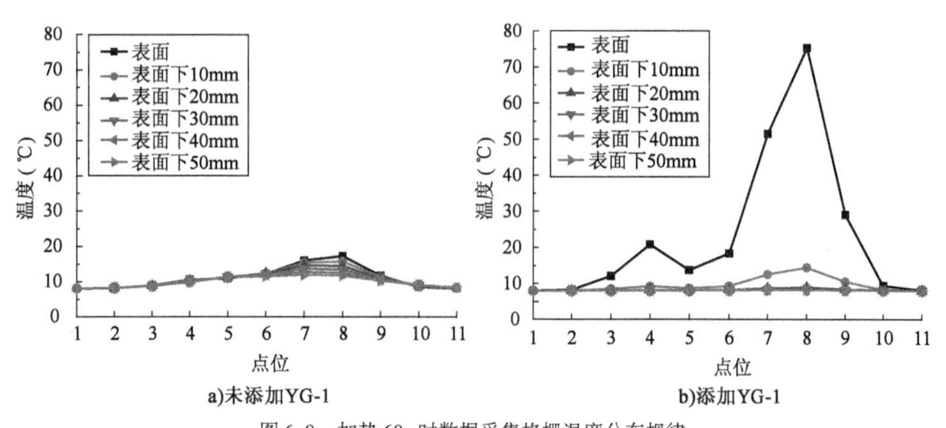

图 6.8 加热 60s 时数据采集格栅温度分布规律

300s 时未添加 YG-1 数据采集格栅各点的温度值(单位:℃) 表 6.2

深 度	格栅点位										
	1	2	3	4	5	6	7	8	9	10	11
路面表面	8.75	10.85	17.64	28.16	35.78	48.20	67.72	69.61	41.48	18.41	10.80

续上表

深度	格栅点位										
	1	2	3	4	5	6	7	8	9	10	11
路面表面下10mm	8.87	11.05	17.53	27.75	35.98	47.74	64.48	64.33	39.47	18.89	11.21
路面表面下20mm	9.00	11.21	17.22	27.12	36.11	46.51	59.47	57.57	36.86	19.28	11.77
路面表面下30mm	9.13	11.32	16.95	26.65	36.03	44.42	53.48	50.90	34.18	19.44	12.31
路面表面下40mm	9.22	11.37	16.81	26.33	35.52	41.72	47.30	44.70	31.63	19.33	12.74
路面表面下50mm	9.26	11.38	16.72	25.96	34.42	38.59	41.59	39.38	29.29	19.03	13.00

300s 时添加 YG-1 数据采集格栅各点的温度值(单位:℃)　表6.3

深度	格栅点位										
	1	2	3	4	5	6	7	8	9	10	11
路面表面	8.69	14.11	49.22	99.08	70.51	125.39	354.55	486.95	217.40	39.49	11.52
路面表面下10mm	8.61	12.45	29.20	47.57	43.58	75.36	169.37	214.66	115.22	30.66	11.08
路面表面下20mm	8.43	10.52	17.48	24.40	25.42	40.64	76.59	91.61	55.66	20.69	10.12
路面表面下30mm	8.27	9.24	11.92	14.52	15.80	22.25	35.13	39.91	27.42	14.14	9.30
路面表面下40mm	8.17	8.62	9.68	10.79	11.65	14.40	19.21	20.71	16.17	11.03	8.83
路面表面下50mm	8.14	8.45	9.12	9.87	10.55	12.31	15.20	15.99	13.38	10.17	8.69

60s 时未添加 YG-1 数据采集格栅各点的温度值(单位:℃)　　表 6.4

深　度	格栅点位										
	1	2	3	4	5	6	7	8	9	10	11
路面表面	8.03	8.14	8.98	10.64	10.97	12.19	16.02	17.27	11.70	8.55	8.11
路面表面下 10mm	8.06	8.22	9.00	10.51	11.11	12.34	15.39	15.76	11.36	8.79	8.20
路面表面下 20mm	8.08	8.26	8.91	10.26	11.24	12.39	14.64	14.45	11.06	8.95	8.29
路面表面下 30mm	8.09	8.28	8.83	10.13	11.36	12.22	13.73	13.43	10.82	9.06	8.37
路面表面下 40mm	8.11	8.28	8.81	10.07	11.39	11.94	12.77	12.49	10.58	9.10	8.44
路面表面下 50mm	8.10	8.25	8.75	9.98	11.24	11.55	11.96	11.80	10.35	9.08	8.46

60s 时添加 YG-1 数据采集格栅各点的温度值(单位:℃)　　表 6.5

深　度	格栅点位										
	1	2	3	4	5	6	7	8	9	10	11
路面表面	8.03	8.27	12.10	20.85	13.71	18.33	51.52	75.30	29.09	9.42	8.13
路面表面下 10mm	8.01	8.06	8.51	9.25	8.69	9.32	12.53	14.41	10.53	8.29	8.05
路面表面下 20mm	8.01	8.03	8.10	8.19	8.15	8.30	8.71	8.90	8.44	8.12	8.04
路面表面下 30mm	8.01	8.02	8.05	8.09	8.11	8.19	8.34	8.38	8.22	8.09	8.04
路面表面下 40mm	8.01	8.02	8.04	8.07	8.10	8.15	8.28	8.29	8.18	8.08	8.04
路面表面下 50mm	8.01	8.02	8.04	8.07	8.10	8.14	8.25	8.26	8.16	8.08	8.04

上述模拟是在假设 YG-1 只停留在路面表面,由于 YG-1 在微波作用下渗透作用明显,为更好地模拟 YG-1 渗透到混合料内部后沥青温度场的变化,通过建模在沥青路面层下 1cm 处设置 YG-1 层,模拟 YG-1 渗透到路面内部的情况,分

析渗透对沥青路面温度场的改变,模拟结果如图 6.9 ~ 图 6.11 所示。

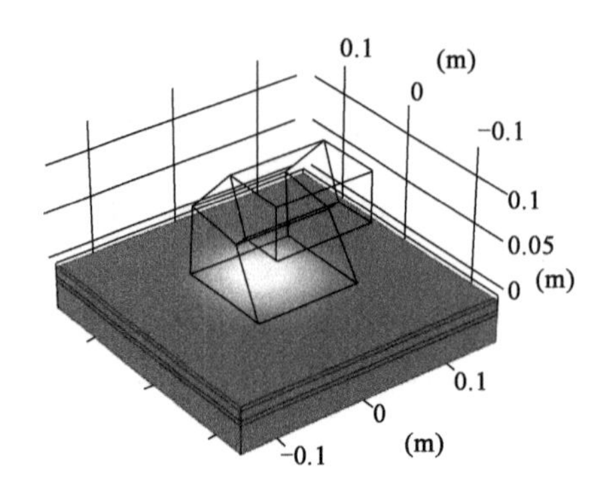

图 6.9 300s 时路面表面场温度分布图

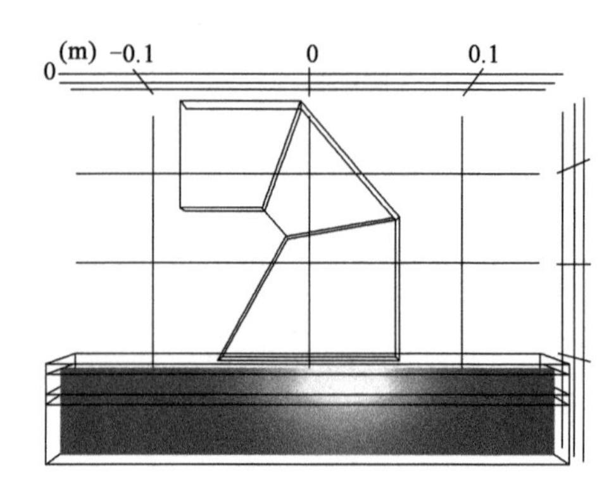

图 6.10 300s 时观察断面温度分布规律

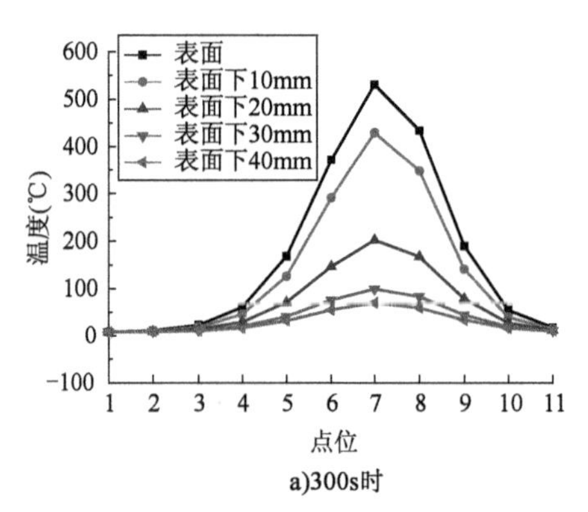

a)300s时

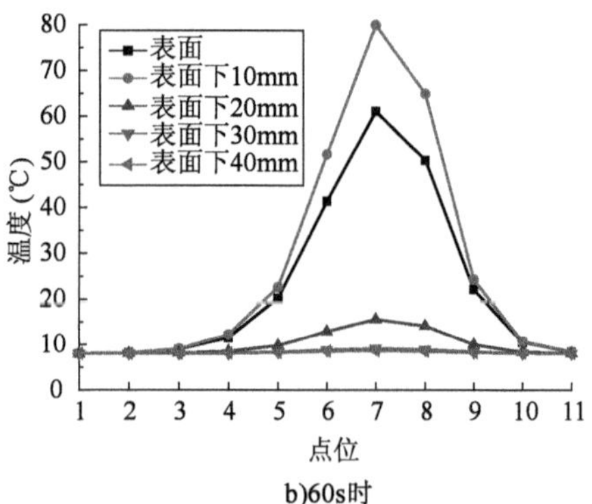

b)60s时

图 6.11 数据采集格栅温度分布规律

由图 6.9 ~ 图 6.11 可以看出,当 YG-1 渗透到路面内部后,相比未渗透时沥青路面内部的温度场发生了较大的变化。在微波作用条件相同的情况下,路面表面以下的温度较未渗透时升高明显,加热 300s 时,路面表面温度最高值为 531℃,表面下 10mm 的温度最高值为 429℃,表面下 20mm 的温度最高值为 202℃,表面下 30mm 的温度最高值为 98℃,均高于未发生渗透时沥青路面的温度值(表 6.2)。加热 60s 时得到同样的试验结果,路面表面最高温度达到了 79.6℃,高于加热 300s 时未添加 YG-1 的沥青温度。除此之外,路面的加热深度范围也发生了变化,发生渗透后,路面温度升高范围同样得到了提升。表 6.6、表 6.7 给出了 YG-1 渗透 10mm 后 300s 和 60s 时路面数据采集格栅的温度数据。

300s 时 YG-1 渗透 10mm 数据采集格栅各点的温度值(单位:℃)　表6.6

深　度	格栅点位										
	1	2	3	4	5	6	7	8	9	10	11
路面表面	8.63	11.35	22.90	60.65	167.69	371.73	531.02	434.16	189.75	54.58	17.38
路面表面下10mm	8.43	10.29	18.54	45.80	125.52	291.63	429.76	348.04	140.85	39.66	14.34
路面表面下20mm	8.29	9.43	14.14	29.41	70.99	146.25	202.47	166.86	78.51	27.23	12.13
路面表面下30mm	8.19	8.87	11.53	19.92	41.09	75.51	98.99	83.04	44.39	19.12	10.60
路面表面下40mm	8.15	8.68	10.69	16.89	31.87	54.98	69.83	59.21	33.92	16.46	10.09

60s 时 YG-1 渗透 10mm 数据采集格栅各点的温度值(单位:℃)　表6.7

深　度	格栅点位										
	1	2	3	4	5	6	7	8	9	10	11
路面表面	8.03	8.17	8.97	11.49	20.23	41.33	61.07	50.33	22.08	10.53	8.43
路面表面下10mm	8.03	8.19	9.10	12.23	22.63	51.59	79.92	64.89	24.30	10.65	8.47
路面表面下20mm	8.01	8.03	8.14	8.53	9.80	12.87	15.55	14.08	9.98	8.38	8.08
路面表面下30mm	8.00	8.01	8.03	8.11	8.37	8.82	9.14	8.88	8.36	8.11	8.04
路面表面下40mm	8.00	8.01	8.03	8.09	8.26	8.53	8.66	8.47	8.22	8.09	8.03

由模拟结果可知,YG-1 能够有效“截留”微波,使微波能量集中在路面表面,在就地热再生过程中避免了微波穿透深度过大造成能量浪费;同时 YG-1 的渗透对路面温度场的分布影响较大,渗透范围内的温度提升明显。

但上述模型仅考虑了 YG-1 在微波作用下的温度效应,且模拟中假设在微波作用过程中 YG-1 没有渗透、电磁参数没有发生变化、乳液体系没有破坏。由 3.2.3 节所述可知,YG-1 软化混合料除了其对微波的温度效应外,还有“通道渗透”“分相渗透”“微爆扩孔”等作用,作用过程复杂且在作用过程中 YG-1 本身的电磁参数也发生着变化,因此本节建模分析结果只能定性分析 YG-1 对路面温度场的分布影响,模拟结果与实际的路面软化过程路面温度场的分布存在一定差距,实际路面温度也不会达到模拟中的高温。

6.1.4 模拟结果的室内试验验证

1)试验方法

本试验为验证 6.1.3 中的数值分析结果设计,研究在 YG-1 不发生渗透时,涂抹 YG-1 前后微波加热的温度变化规律。由于沥青混合料试件在试验过程中存在 YG-1 的渗透情况,且容易松散,与建立的模型相差较大,因此,本次试验选用水泥砖作为测试试件进行试验,通过分析水泥砖在涂抹 YG-1 前后上、下表面温度场的分布情况,来验证模拟结果。水泥砖试件的尺寸为 240mm × 115mm × 53mm。试验分别测试微波加热 60 ~ 300s 的添加 YG-1 前后水泥砖上表面和下表面的温度值,并与数值分析结果比较。

试验装置如图 6.12 所示,由磁控管、喇叭天线、控制电源、风扇、控制电脑、红外成像仪等组成,试验时调整微波发射功率为 1kW, YG-1 涂抹量为 0.8kg/m^2,见图 6.13。

图 6.12 室内验证试验的试验装置图

图 6.13 一半涂抹 YG-1 的试验试件

2)试验结果分析

表 6.8 为每隔 60s 测量的上、下表面温度最高值,数据采用红外成像仪测得。

每隔60s测得的试样上、下表面温度最高值　　表6.8

试样种类	测量位置	微波作用时间（s）				
		60	120	180	240	300
未涂抹YG-1	上表面温度 $T_{上}$（℃）	71	91	92	103	105
	下表面温度 $T_{下}$（℃）	39	55	73	84	87
涂抹YG-1	上表面温度 $T_{上}$（℃）	102	157	240	316	353
	下表面温度 $T_{下}$（℃）	54	87	100	103	105

图6.14和图6.15为添加YG-1前后测试试件上、下表面的时间—温度最大值曲线，由图可以看出，YG-1对试件上、下表面的温度有重要的影响，涂抹YG-1加热300s后试件上表面温度最高值达到353℃，而未涂抹YG-1的试件上表面温度最高值为105℃，说明YG-1具有较强的吸波发热能力。涂抹YG-1试件的上、下表面温差由0℃增加248℃，且随着加热时间的增长，上、下表面的温差随之增大；未涂抹YG-1的试件上、下表面的温差，在60s时为32℃、在300s时为18℃，二者差别逐步减小，说明YG-1具有很强的截波能力。未涂抹YG-1的试件，上、下表面温差逐步减小是由于微波具有较强的穿透能力，虽然试件上表面相对下表面吸收的能量多，但二者差别并不大，随着时间的增加，试件内部的热传导作用进一步减小了上下表面的温差值。

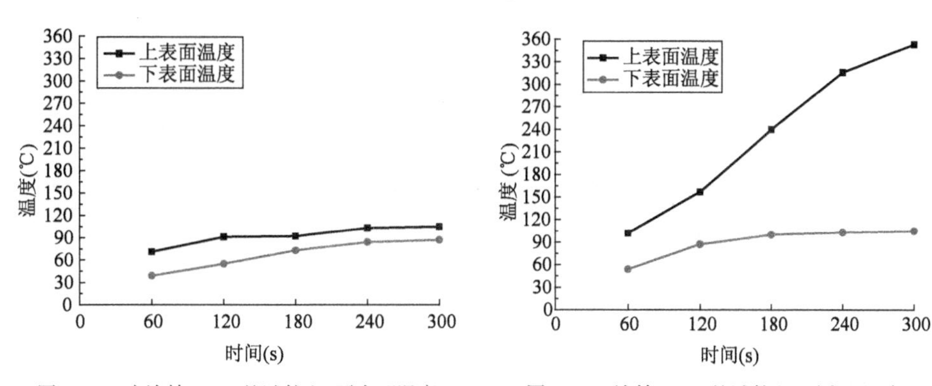

图6.14　未涂抹YG-1的试件上、下表面温度　　图6.15　涂抹YG-1的试件上、下表面温度

图6.16和图6.17为红外成像仪拍摄的涂抹YG-1前后微波加热60s和300s时试件上表面的红外成像图，由图可以看出，试件表面的温度分布形状与6.1.3中模拟结果相似，都呈现出热量集中在喇叭口下方，喇叭口中心区域温度最高，由中心向外逐渐降低的现象。

分析可知,虽然试验采用的试件与沥青路面在微波敏感性和温度传导性上存在一定差别,但由于二者性质相近,试验现象与数值分析的结果呈现出相同的规律,验证了数值模拟的正确性。

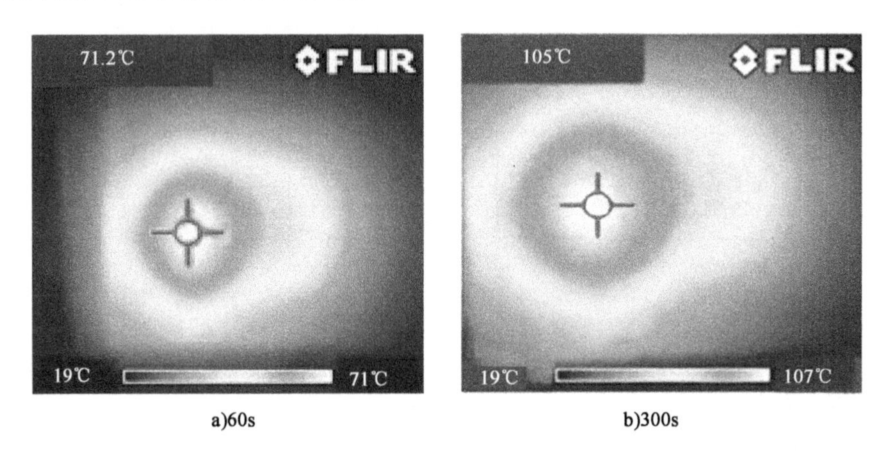

a)60s　　b)300s

图 6.16　未涂抹 YG-1 上表面红外成像图

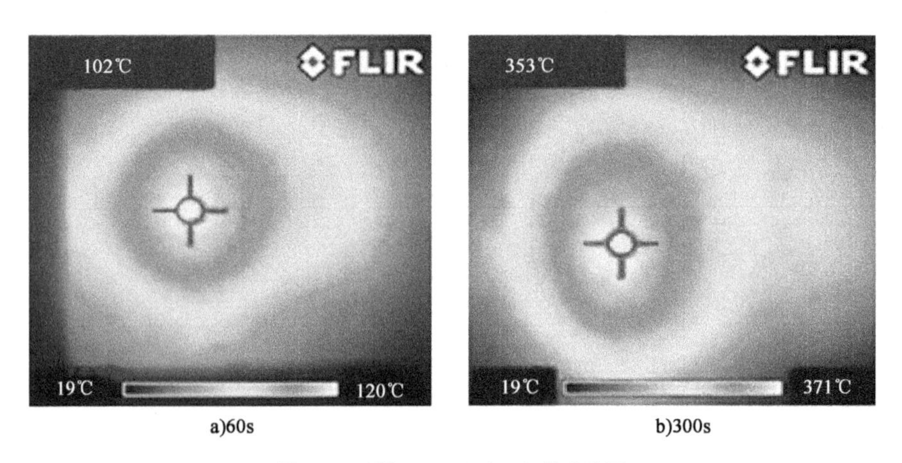

a)60s　　b)300s

图 6.17　添加 YG-1 上表面红外成像图

6.2　微波辐射阵列仿真及原型机开发

由 6.1 节的模拟结果可知,喇叭天线下方的温度场分布并不均匀,而是呈现出由喇叭口下方中心向周围逐渐减小的情况,温度场的分布除受到 YG-1 的影响外,主要由喇叭天线发射的能量场决定。为使 YG-1 更好地发挥作用,使路面软化效果尽量均匀，本节利用 HFSS 软件分析不同天线阵列排布方式下路面微波能量场的分布情况，以期获得最佳的天线阵列布置方式，用于指导原型机的开发。

微波辐射原型机由发电机组、电源驱动设备、微波加热阵列、散热系统、屏蔽系统等组成，图 6.18 给出了微波辐射原型机的总体构成。

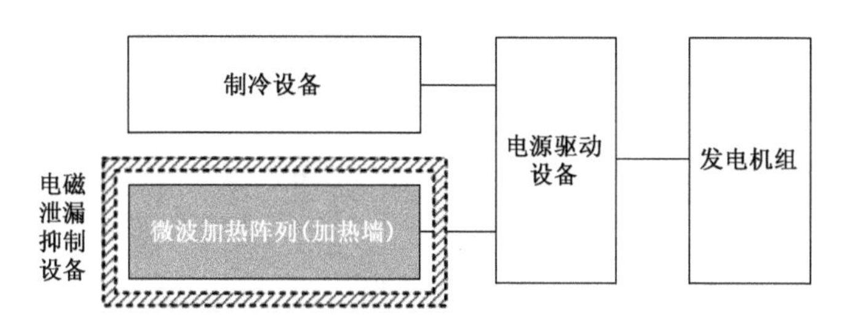

图 6.18　微波辐射原型机的总体构成

(1)发电机组：提供电能；

(2)电源驱动设备：变压、给磁控管供电，电控制系统用于控制磁控管的输出功率；

(3)微波加热阵列：由机架、磁控管、喇叭天线等组成。磁控管将电能转换为微波，喇叭天线使微波具有一定的方向性并传导微波；

(4)散热系统：用于微波加热阵列散热；

(5)屏蔽系统：抑制微波对设备元器件及周围人员、环境的危害。

本节所述的原型机主要用于室内研究，因此，供电直接采用试验室的动力电，在此不再赘述。

6.2.1　电源驱动设备

现阶段常见的微波磁控管电源有开关电源和线性稳压电源，如图 6.19 和图 6.20所示。微波开关电源是通过电路控制开关管进行高速的导通与截止，将直流电转化为高频率的交流电提供给变压器进行变压，从而产生所需要的一组或多组电压，由于变化频率达到微波波段，故称微波功率开关电源；而线性变压器电源是通过将功率器件调整管工作在“线性区”，靠调整管之间的电压降来稳定输出。

开关电源和线性稳压电源的区别主要有以下几点：

(1)变压器不同

线性稳压电源使用工频变压器，通过工频变压器降低到 220V 的交流市电电压。它的工作频率低，采用硅钢片作为铁芯；而开关电源中使用的是高频变压器,用磁性材料作为磁芯,它的工作频率很高,体积却大幅缩小,重量也只有工频变压器的五分之一左右。

图6.19　开关电源

图6.20　线性稳压电源

(2)电能转换效率不同

线性稳压电源中的主要三极管是调整管,由于调整管一直处于放大状态,全部的负载电流都流过调整管,利用调整管集电极与发射极之间的管压降进行稳压调整,在集电极与发射极之间的管压降很大,调整管温度高,需要较大体积的散热片,所以它的转换效率低,只有50%左右。而开关电源中主要的三极管是开关管(MOS管),由于MOS管工作在开关状态,即要么工作在截止状态,要么工作在饱和状态,所以这种工作模式下的开关管功耗很小,效率高,可以达到80%以上。

(3)整流电路工作电压不同

开关电源的整流电路是先把220V交流市电进行整流,输出300V左右的直流电压,送给下一级电路进行逆变;整流电路中的交流电压比较高,要求整流二极管的反向耐压高。线性稳压电源中的整流电路对电源变压器二次绕组输出的低压交流电压进行整流,整流电路中的交流电压比较低,要求整流二极管的反向耐压低。

(4)输出电路中的滤波电容容量要求不同

开关电源输出电路中滤波电容的容量比较小,但要求滤波电容的高频特性好,这是因为开关电源工作频率高,采用较小的电容能够达到良好的滤波效果。线性稳压电源中滤波电容容量比较大,这是因为线性电源的输出电压交流频率低,必须采用足够大的滤波电容才能达到良好的滤波效果。

(5)安全性不同

线性稳压电源工作原理简单,大多数产品都没有保护电路,而开关电源具有多重保护功能(过流、过热、过压等),因此安全性更好。

综上所述,结合原型机室内研究的特点,最终选用开关电源作为原型机的电源。通过对比多种不同型号的微波功率开关电源,最终选择了由深圳高斯宝公司生产的 G0631 - 1.3kW 工业微波开关电源,如图 6.21 所示。该微波驱动电源最大输出功率 1.3kW,可在满功率的 30% ~100% 内调节,内部通过 DSP 进行控制,不但有效节省体积,而且异常保护响应速度快。该微波驱动电源支持多种通信方式,本项目中采取 232 转 485 串行通信,上位机采用 labview 开发的可视化软件,通过 USB 转串口连接器、232 转 485 转换接口和网线对微波驱动电源进行控制,开关电源的控制软件界面如图 6.22 所示。

图 6.21 G0631-1.3kW 工业微波开关电源组

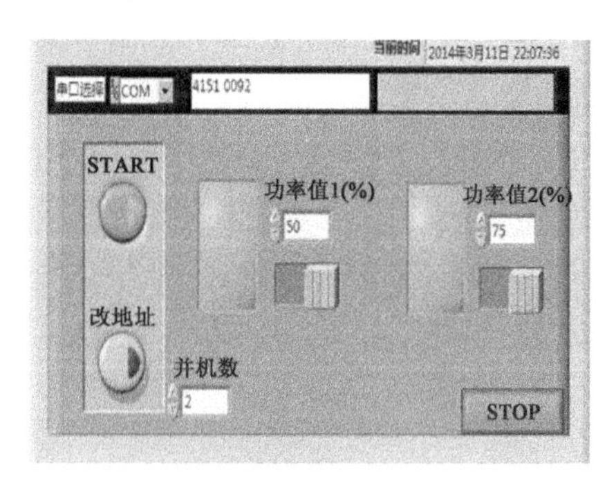

图 6.22 开关电源控制软件界面

6.2.2 微波加热阵列

1)微波功率计算

在设计微波阵列前,首先需要对阵列的微波功率进行估算。微波是具有一定穿透性的,当电磁波从物质表面进入物质内部时,随着能量被不断吸收,场强和功率不断衰减,微波加热阵列加热沥青材料所耗用的微波功率可通过式(6.1)进行计算:

$$P = \frac{1.1\Delta T \cdot C \cdot W}{3.6t} \tag{6.1}$$

式中:W——沥青混合料质量(t);

ΔT——沥青加热温度差,$\Delta T = T_1 - T_0$(℃);

T_1——沥青混合料的加热温度(℃),此处取 110℃;

T_0——环境温度(℃),此处取 20℃;

C——沥青混合料比热[kJ/(kg·°C)],此处取 0.85;

t——加热时间(h)。

设压实沥青混合料的密度为2460kg/m^3,按上式计算,假设加热面积为1m^2,加热深度为5cm,加热时间为3~5min,磁控管的能量转化为微波辐射量的70%,单个磁控管功率为1kW,可知,1m^2磁控管的个数应为34~57个,则供电发电机组功率分别对应于48~82kW。

2)原型机阵列仿真

原型机中磁控管发射出的微波经激励腔产生所需的工作模式,传入喇叭辐射腔后经过喇叭天线,产生新的高频电磁场,发射到沥青路面,对沥青混合料进行加热。辐射阵列中天线实际起三个作用:作为微波传输线传输电磁波、产生所需模式的高频电磁波、提高电磁波的辐射效率。因此,在微波加热阵列中,需要重点设计满足要求的合适辐射单元及阵列。通过计算仿真,综合考虑功率要求、天线尺寸、加工难易等,最终确定了原型机由7行8列,总计56个磁控管组成,在1m^2加热范围内,喇叭辐射件阵列呈一定形式的平面排布。建模如图6.23所示,上层灰色部分为辐射阵列,下层灰色部分为路面材料,中间部分为金属罩。模型中所用的参数如表6.9所示。

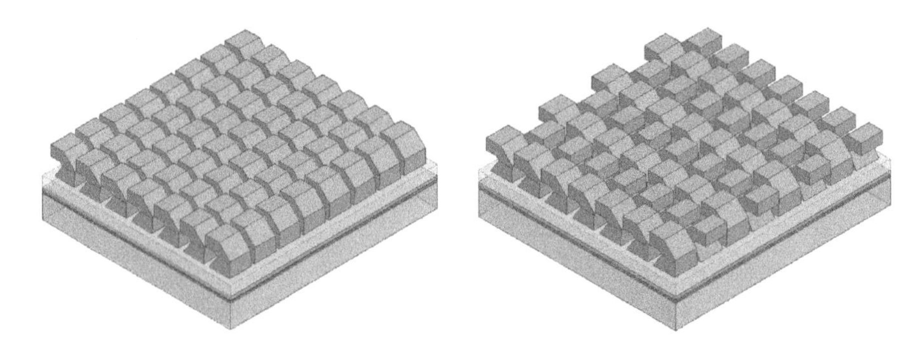

图6.23　不同排布方式的微波阵列模型

模拟中不同材料的参数表　　表6.9

参　　数	单　　位	沥青混合料	YG-1	喇叭天线和金属罩
相对介电常数	1	5	64.04	1
相对磁导率	1	1	1	1
电导率	S/m	1.8×10^{-4}	5.05	5.998×10^{7}
损耗角正切(tanδ)	—	0.034	0.4928	0

边界条件:腔体端口采用矩形端口,但喇叭天线微波发射功率为1.0kW。喇叭天线腔体和金属罩边界为阻抗边界,沥青路面为散射边界。

本节通过数值分析的方式,对不同排布阵列的分布幅度均值、分布幅度方差进行分析,使微波阵列的能量在辐射路面上较为均匀,获得最佳的路面辐射效果,指导设备的开发。

图 6.24 给出了 A 排布方式的示意图,图 6.25 给出了对应于 A 排布方式的路表能量吸收场分布,从图中可以看出,横向呈现了较好的均匀性,但是在纵向出现条状强弱不等的场分布结果。

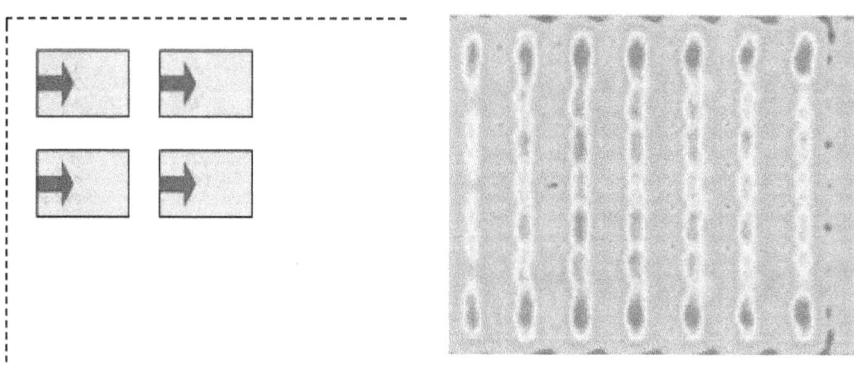

图 6.24 A 排布方式示意图　　图 6.25 A 排布方式的路表能量吸收场

计算 A 排布方式下场分布幅度均值和幅度方差分别为 124V/m、1143V^2/m^2。

图 6.26 给出了 B 排布方式示意图。图 6.27 给出了对应于 B 排布方式的路表能量吸收场分布。从图中可以看出,该排列方式效果较之 A 排布方式有一些改善,但均匀状况仍不理想。

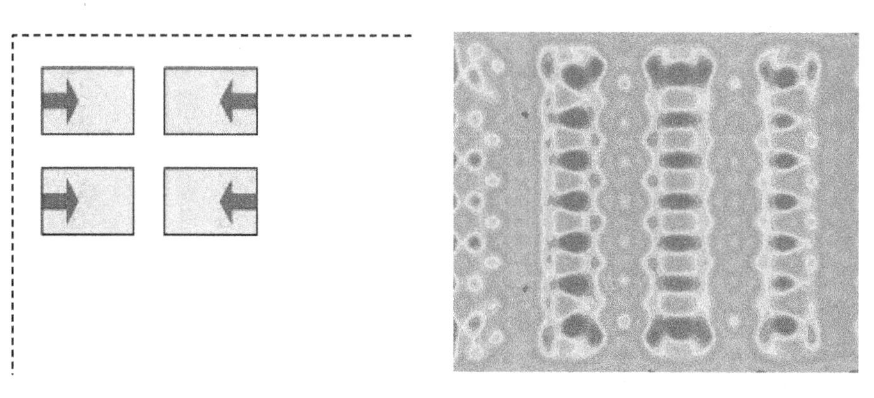

图 6.26 B 排布方式示意图　　图 6.27 B 排布方式的路表能量吸收场

计算 B 排布方式下场分布幅度均值和幅度方差分别为 153V/m、1341V^2/m^2。

图6.28 给出了C排布方式示意图。图6.29 给出了对应于C排布方式的路表能量吸收场分布。从图中可以看出,该排列方式的作用效果比前两种排列方式的效果有了一定的改善。

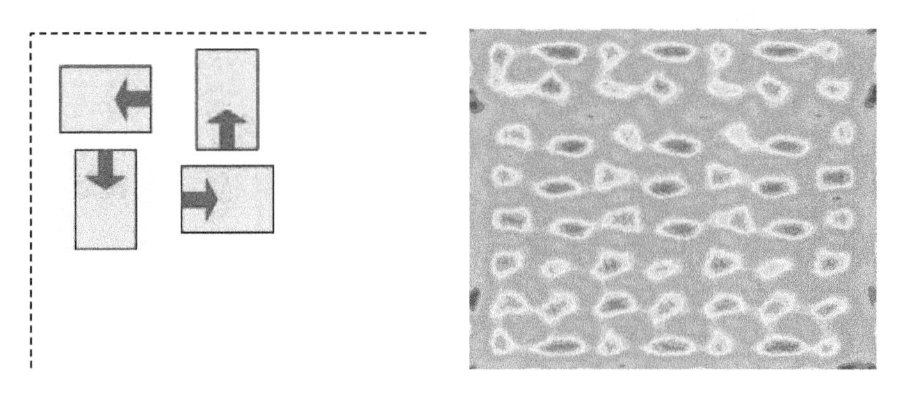

图6.28　C排布方式示意图　　　　图6.29　C排布方式的路表能量吸收场

计算C排布方式下场分布幅度均值和幅度方差分别为142V/m、869V^2/m^2。

进一步考虑对场作用分布的改善,图6.30 给出了D排布方式示意图,该种排布结构比较复杂。图6.31 给出了对应于D排布方式的路表能量吸收场分布。

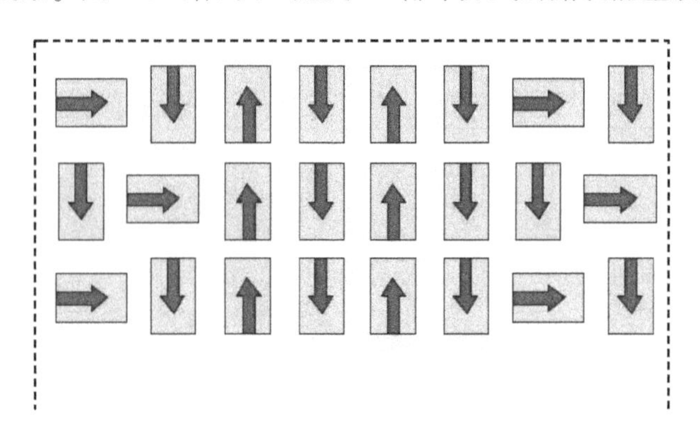

图6.30　D排布方式示意图

从图6.31 中可以看出,该排列方式效果明显优于A、B两种排布方式,与C排布方式相比较,差异并不大。通过计算,D排布方式下场分布幅度均值和方差为131V/m、524V^2/m^2,D排列方式的效果优于C排列方式。

图6.32 给出了E排布方式示意图。图6.33 给出了对应于E排布方式的路表能量吸收场分布。

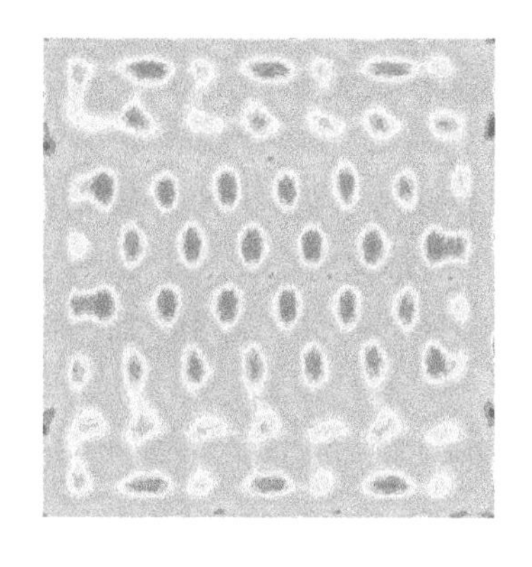

图 6.31 D 排布方式的路表能量吸收场

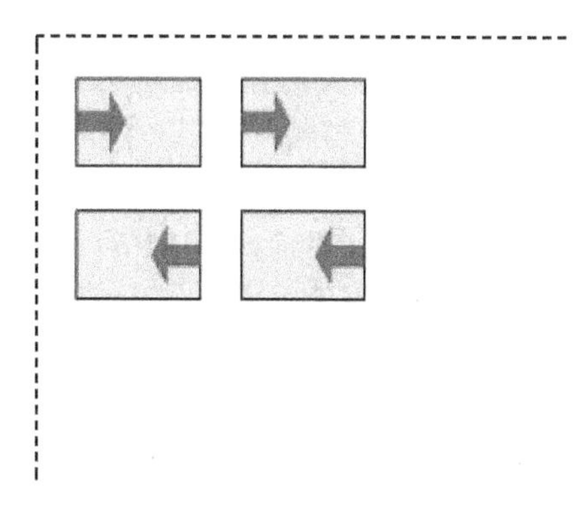

图 6.32 E 排布方式示意图

从图 6.33 中可以看出,该排列方式虽然有明显的红色(深色)最强点区域,但绿色(浅色)区域较为均匀且占大部分,考虑计算仿真与实际工程的差距,仿真计算中沥青介质为等效均匀介质,而实际工程中沥青路面为多种材质的混合体,而且在路面上存在空隙、颗粒突起等情况,于是微波在工程材料中会有多种形式的折射、反射等情况,在前面场作用图中的作用强点与作用弱点之间的差距会受到一定的影响,不会像计算图中所显现出来的那么大。计算 E 排布方式下场分布幅度均值和方差为 161V/m、435V^2/m^2。对比 A ~ E 不同排列方式的场分布幅度均值和方差如表 6.10 所示,发现 E 排列方式均匀性明显优于前几种排布方式,效果最好。

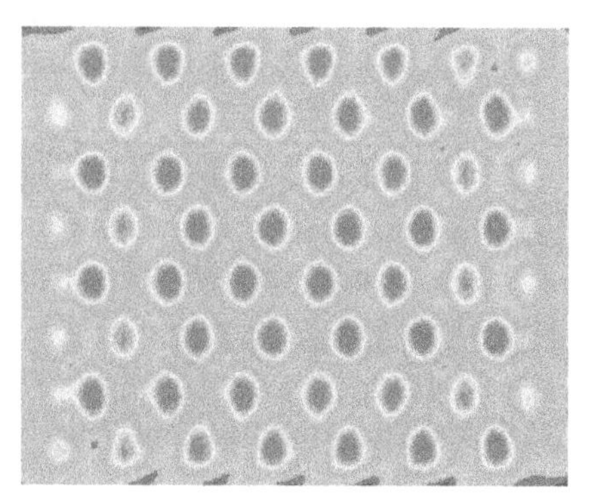

图 6.33 E 排布方式的路表能量吸收场

不同排列方式的分布幅度均值和方差汇总表　　表 6.10

排 列 方 式	分布幅度均值(V/m)	分布幅度方差(V^2/m^2)
A	124	1143
B	153	1341
C	142	869
D	131	524
E	161	435

在 E 排列方式下,在模型的路面表面设置 1mmYG-1 进行数值分析,计算加入 YG-1 后路面能量场分布幅度均值和方差。模拟结果如图 6.34 所示。

对比图 6.34 与图 6.33,在 YG-1 添加后辐射区中的作用强点明显增加,作用弱点大大减少。计算加入 YG-1 后路面能量场分布幅度均值和方差为 194V/m、627V^2/m^2。涂抹 YG-1 后,场分布幅度均值显著提高,这说明 YG-1 对微波加热的效果有明显增强作用,但是辐射场幅度方差也有显著增加,表征其场分布均匀性变差。

经过对比分析不同阵列排列方式,最终确定 E 种排列方式为原型机微波阵列的排列方式,加工的原型机阵列如图 6.35所示。

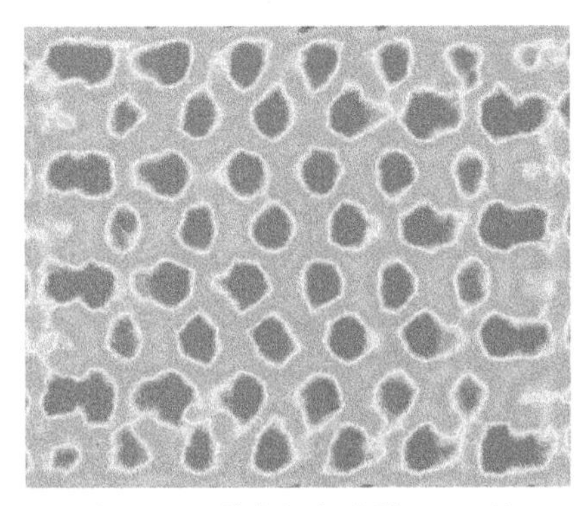

图 6.34　E 排布方式下添加 YG-1 的路表能量吸收场

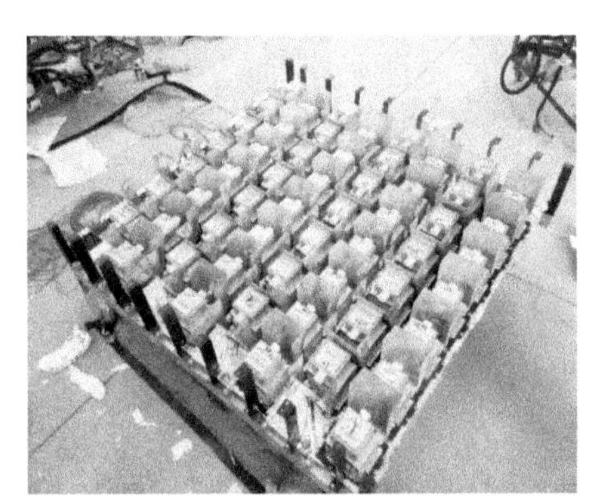

图 6.35　原型机排布阵列

6.2.3　散热系统

微波加热装置是由多个磁控管组成的加热单元阵列。磁控管的特点是:输出功率大、效率高、体积小、重量轻、成本低,因此其具有广泛的应用空间。由于工作在高功率的条件下,加热装置在工作时会散发大量的热,而持续高温又会影响到磁控管本身工作的可靠性,进而降低磁控管的输出功率,严重时将导致磁控管损坏,设备的整体散热性能直接影响到加热装置的输出功率和工作寿命,而合理的散热设计是磁控管能否在高功率输出环境中保持正常工作的关键。设加热墙内磁控管的平均散热密度为:

$$q = \frac{Q}{A} \tag{6.2}$$

式中:Q——发散的最大热量(W);

A——发热元件的散热面积(cm^2)。

考虑磁控管具体参数,通过分析,可以得出加热腔内磁控管平均散热密度小

于 $0.08W/cm^2$。根据图 6.36 所示,可以选择强制风冷和液冷的方式对磁控管降温。考虑到液冷方式结构较为复杂,生产成本较高,且安装不便,维护费用高的特点,因而在设计中采用强制风冷散热,见图 6.37。

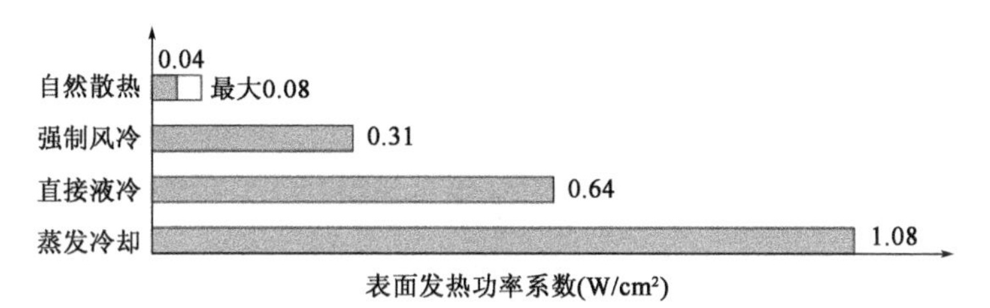

图 6.36 不同散热方式散热能力参考范围

6.2.4 屏蔽系统

由于微波辐射对人体和机械电子设备有害,因此要求在微波发射装置原型机的设计中考虑微波屏蔽系统,抑制微波泄漏,防止路面再生过程中微波泄漏对人及设备中的电子元件造成破坏。

图 6.37 安装风冷散热系统的原型机

1)微波泄漏抑制方法

目前国内常用的微波加热频率为 2.45GHz,这一频段的微波抑制可采用电磁屏蔽的方法实现,用优良的导电材料制作接地良好的屏蔽体构成封闭面,对内外两侧空间进行电磁性隔离。具体微波泄漏抑制机理可通过传输线理论进行分析,如图 6.38 所示,将屏蔽系统等效为一段特定传输线,微波通过屏蔽系统时,在外表面处一部分被反射,另一部分通过屏蔽系统向前传递,在传递中微波多次反射和透射,能量逐渐衰减,从而起到抑制微波泄漏的作用。因此,屏蔽系统的防微波泄漏机理包括屏蔽系统表面的反射损耗、吸波材料的吸收损耗和屏蔽系统内部的连续衰减损耗。

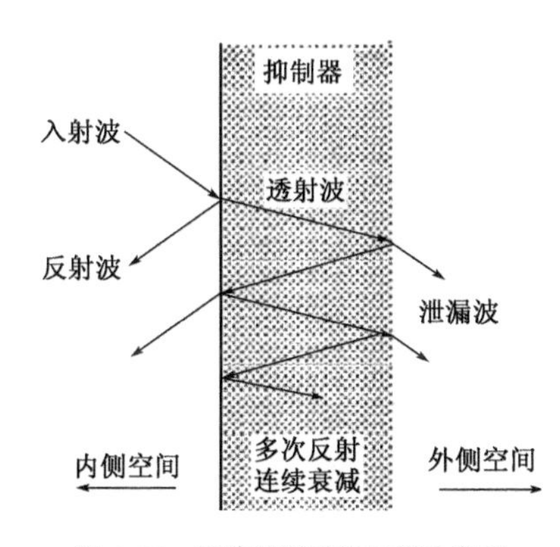

图 6.38 微波泄漏屏蔽机理示意图

在电磁兼容设计与分析中,通常采用屏蔽效能(*SE*)来描述屏蔽系统对微波泄漏的屏蔽能力,屏蔽效能的定义为不存在屏蔽系统时某点的功率密度 P_0 与存在屏蔽系统时该点的功率密度 P_s 的比值，如式(6.3)所示：

$$SE_p = 10\lg \frac{P_0}{P_s} \tag{6.3}$$

而具体分析中的传输系数 T 也可以用来描述屏蔽特性，其定义为有屏蔽系统时某处的电场强度 E_s 与无屏蔽系统时同一处的电场强度 E_0 之比，如式(6.4)所示：

$$T = \frac{E_s}{E_0} \tag{6.4}$$

由式(6.3)、式(6.4)可知，微波屏蔽系统的好坏与微波频率、材料电磁参数有关，同时屏蔽系统的结构形式对抑制效果有显著影响。整个屏蔽系统设计主要分为两大部分：缝隙泄漏抑制和机壳屏蔽，如图6.39所示。

图6.39　微波加热阵列屏蔽系统示意图

设计中综合采用柔性屏蔽链网、扼流槽弹片、限位装置、金属钢板等屏蔽结构。

2)屏蔽系统材料选型

屏蔽系统所选的材料通常有金属板和金属网两种。由于分布在金属板表面的感应电流感抗要小于金属网，有利于泄流和电流传导，因而采用板型材料制屏蔽效果要比金属网好。但由旧路面不平整，直接采用金属板和地面接触容易出现缝隙，使微波从缝隙中泄漏，因此在设计屏蔽系统时应综合考虑金属板和金属网的使用。

(1)金属表面壳体微波反射损耗的计算

由于空气和屏蔽金属的电磁阻抗不同，会导致入射微波产生反射作用，而空气的电磁阻抗在不同场源和场区是不一样的，计算公式分别如下。

磁场源近场中的反射损耗为：

$$R = 20\lg\{[0.012(\mu_r/\sigma_r f)^{1/2}/D] + 5.364D(\sigma_r f/\mu_r)^{1/2} + 0.354\} \tag{6.5}$$

电场源近场中的反射损耗为：

$$R = 322 + 10\lg(\sigma_r/\mu_r f^3 D^2) \tag{6.6}$$

电磁场源远场中的反射损耗为：

$$R = 168 - 10\lg(\mu_r f/\sigma_r) \tag{6.7}$$

式中:μ_r——相对磁导率;

σ_r——相对电导率;

f——微波频率;

D——辐射源到屏蔽体的距离。

(2)金属壳体内部微波吸收损耗计算

进入金属屏蔽壳体内部的微波在屏蔽金属内传播时,由于衰减而产生吸收作用,吸收损耗 A(dB) 为:

$$A = 0.13d\,(\sigma_r \mu_r f)^{1/2} \tag{6.8}$$

式中:d——屏蔽材料厚度。

(3)金属壳体内微波反射损耗的计算

微波在金属壳体屏蔽层间的多次反射损耗 B(dB) 为:

$$B = 20\lg[1 - (Z_m - Z_w)^2/(Z_m + Z_w)^2\,10^{-0.1A}(\cos 0.23A - j\sin 0.23A)] \tag{6.9}$$

式中:Z_m——屏蔽金属的微波阻抗;

Z_w——空气的微波阻抗。

当 $A > 10$dB 时,一般可以不计多次反射损耗。

(4)金属网孔屏蔽的效能计算

对于金属丝网和带网孔金属板,孔眼的屏蔽效能 SE(dB) 与微波的频率、孔眼的尺寸有关,其关系如下:

$$SE = A + R + B + K_1 + K_2 + K_3 \tag{6.10}$$

式中:A——吸收损耗:圆形孔 $A = 32t/D$,矩形孔,$A = 27.3t/W$;

t——孔隙深度;

D——圆孔直径;

W——与入射电场垂直的矩形边长;

R——反射损耗:$R = 20\lg|(1+K)^2/(4K)|$,矩形孔:近区电场 $K = -4\pi Wr/\lambda^2$,近区磁场 $K = W/(\pi r)$,圆形孔:近区电场 $K = -3.41\pi Dr/\lambda^2$,近区磁场 $K = D/(3.682r)$;

B——多次反射损耗:当 $A > 15$ dB 时,多次反射忽略不计;当 $A < 15$ dB 时,$B = 20\lg[1 - (K-1)^2 \times 10^{-A/10}/(K+1)^2]$;

K_1——单位面积内孔隙数的修正系数:当 $r \gg 14$ 孔隙直径时,$K_1 = -10\lg(sn)$;当 r 较小接近屏蔽体时,K_1 可忽略;

s——孔的面积；

n——单位面积孔数；

K_2——低频穿透修正系数；$K_2 = -20\lg(1 + 35P^{-2.3})$；对于金属网 P = 金属网丝的直径/集肤深度，对于孔板 P = 孔隙间的导体宽度/集肤深度；

K_3——临近孔隙耦合的修正系数：$K_3 = 20\lg[\coth(A/8.686)]$，当孔径减小时，金属丝网和金属板孔的吸收损耗、反射损耗和多次反射损耗都要增加，其他三种修正系数也有不同程度的增加。

3）屏蔽系统结构设计

由于机壳不与地面接触，没有贴地的要求，因此在设计中机壳屏蔽系统是采用金属板封闭的方式。

缝隙泄漏抑制结构主要从电磁角度考虑，微波加热墙在实际工作中由于底部不能有效和工作面电磁闭合，从而在其接合部的缝隙处有高功率微波泄漏的问题。目前常见的对于缝隙处微波泄漏的控制措施有：①截止式，即利用微波能量在截止波导中传播时被强烈衰减的作用；②短路式，即在加热器的出入端口宽边上加一组短路波导；③褶皱式，用一系列等长度的波导槽周期性排列在主波导上；④电阻式，用具有良好微波吸收性能的材料黏结到抑制器末端使其吸收微波能。本次原型机开发中采用组合式，即首先褶皱周期结构通过将高强度的电磁波转换成其他型波使之强度减弱，再通过柔性屏蔽结构使之进一步衰减后，并最终通过导电橡胶弹性结构实现微波加热墙边缘与工作面贴合。微波屏蔽依据是电磁屏蔽原理，通过采用电磁辐射抑制材料将电磁辐射有效地控制在所限定的空间内，阻止其向外扩散传播，以达到防治微波泄漏危害的目的。原型机最终的屏蔽系统如图 6.40、图 6.41 所示。

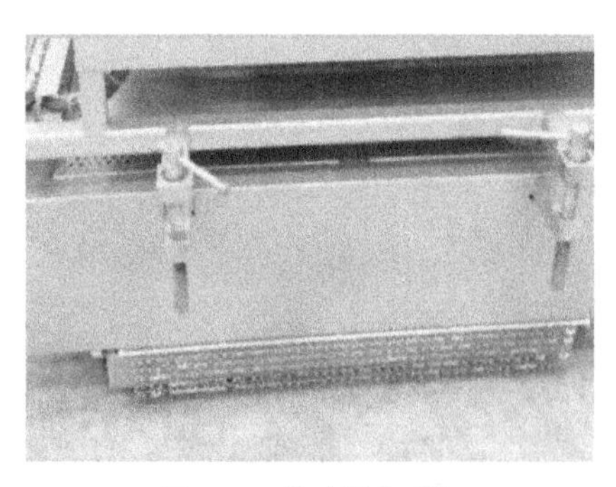

图 6.40　缝隙屏蔽系统

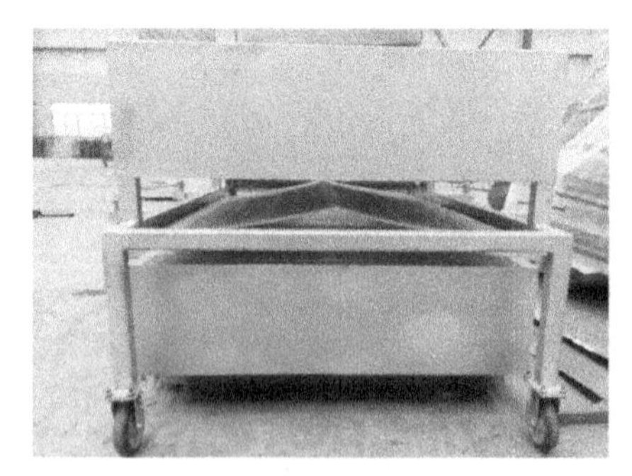

图 6.41　机壳屏蔽系统

6.3　本章小结

本章通过选定的喇叭天线对添加 YG-1 前后,以及 YG-1 渗透先后沥青路面温度场的分布情况进行了数值分析,同时对原型机天线阵列的排布方式对路面能量场分布均匀性的影响进行了研究,并在分析的基础上确定了原型机中天线阵列的排布方式,最终开发出微波发射装置的原型机。本章的主要结论如下:

(1)YG-1 涂抹在路面表面后能够明显改变路面温度场的分布。YG-1 具有截留微波能量的作用,能够使微波能量集中在路面上层,一定程度上避免了微波由于加热深度较大造成的能量浪费。

(2)YG-1 能够快速提升沥青路面的温度,在其他条件不改变的情况下,添加 YG-1 后微波加热 60s 的沥青层表面的温度与未添加 YG-1 微波加热 300s 的温度相当,由此可见 YG-1 大幅提升了混合料的加热效率。

(3)YG-1 的渗透对路面温度场的分布影响较大,在微波作用下,温度场随着 YG-1 的渗透发生下移,与 YG-1 接触区域的混合料温度变化规律与涂抹YG-1 的表层混合料温度场变化类似。

(4)通过 HFSS 软件进行了不同排布方式的喇叭天线阵列路面能量场分布情况模拟,分析不同阵列的分布幅度均值和幅度方差,得出喇叭天线阵列的排布方式对路面能量场的分布均匀性有一定影响。

第7章 微波敏感乳液型沥青再生剂在工程中的应用

本章在前期研究的基础上进行了 YG-1 的应用尝试。结合市场已有的微波发射设备,应用分为两部分,一部分是利用 WITOL 微波养护车辅助 YG-1 进行的路面软化尝试,另一方面是利用 LWX－300Ⅱ型箱式微波加热车辅助 YG-1 对混合料进行再生尝试。

7.1 YG-1 在软化沥青路面中的应用

本节利用微波敏感乳液型沥青再生剂配合威特 142TB 微波综合养护车对沥青路面软化进行了软化尝试。

7.1.1 试验方案

1)试验路基本情况

试验选在某废弃公路,路面原级配为 AC-13,路面状态状况良好,没有明显的病害发生。

2)试验设备

试验设备选用威特 142TB 微波综合养护车,如图 7.1 所示。微波车加热板面积约 $2m^2$,输入功率 135kW,由 90 个磁控管组成。2.45GHz 微波穿透沥青路面深度约 12cm,按照微波综合养护车加热面积 $2m^2$ 计算,路试单位体积消耗的微波功率为:$P_L = 135kW/(0.11m \times 2\ m^2) \approx 614kW/m^3$;对比前述室内试验,马歇尔试件的体积约为 $5.15 \times 10^{-4}m^3$,按照单位体积消耗功率为 P_L 进行计算,可知路试的平均功率与室内试验功率 300W($5.15 \times 10^{-4}m^3 \times P_L = 0.316kW$)相当。

3)试验步骤

(1)路面清扫干净后,将称好质量的 YG-1 均匀涂抹到试验路面上,涂抹面积与微波车加热板面积相同。

(2)使用微波加热板分别对 YG-1 用量为 0.5kg/m²、0.7kg/m²、0.9 kg/m²、1.1kg/m²的路面进行加热,加热时间分别为 3min、5min、7min、9min。

(3)加热结束后对路面的软化情况进行观察,测量软化深度最大值。

(4)收集路面软化松散的沥青混合料并称取相应质量。

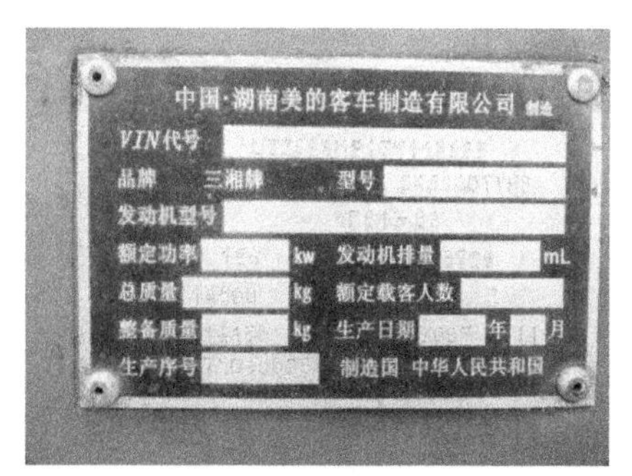

图 7.1　威特 142TB 微波综合养护车

7.1.2　软化沥青路面效果分析

试验前沥青路面见图 7.2 和图 7.3,试验后沥青路面如图 7.4 所示,在微波天线口下方出现了沥青路面软化现象,但偏离天线口时,路面软化效果相对较差(或没有出现软化现象),软化混合料分布与第 6 章 6.2.2 中原型机仿真中 E 种排列相似,该试验设备的微波阵列排布方式与 E 种排列方式类似,间接验证了数值分析的正确性;喇叭口下方的沥青路面软化区域呈倒锥形分布,软化面积随着深度的增加逐渐减少,在不同工况下,沥青路面最大软化深度接近 4.5cm,如图 7.5 所示。倒锥形软化混合料的分布方式与第 6 章 6.1.3 中模拟结果相对应,结合前文的室内试验以及数值分析，产生该现象的原因见第3章3.3.3。在YG-1下渗范围内，沥青路面吸收较多的能量，软化作用明显，随着深度的增加，YG-1量逐渐减小，能量减弱，软化效果变差。

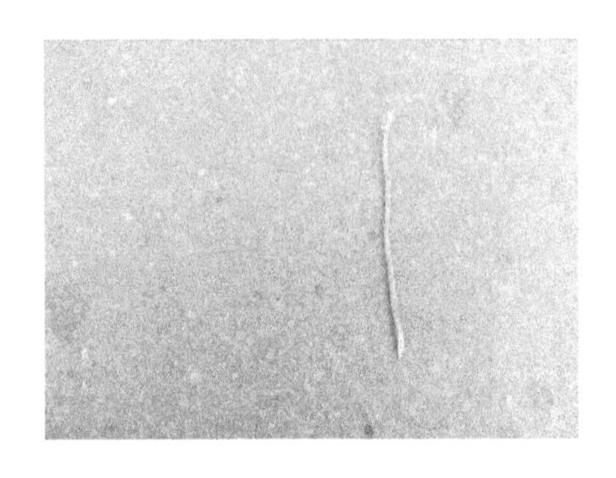

图7.2　软化试验前的沥青路面

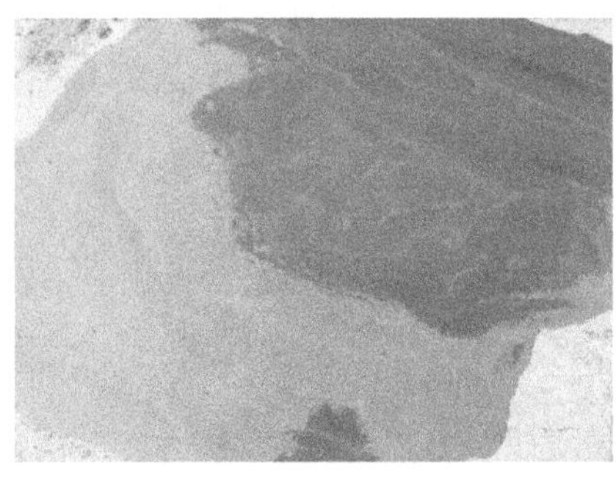

图7.3　试验前涂抹了YG-1的沥青路面

图7.4　微波加热车作用后的沥青路面

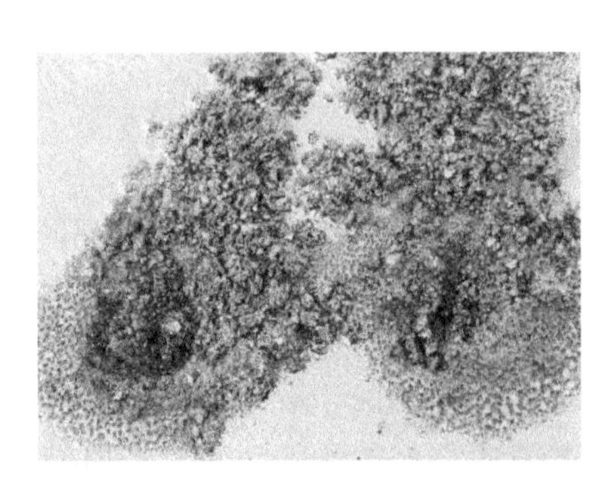

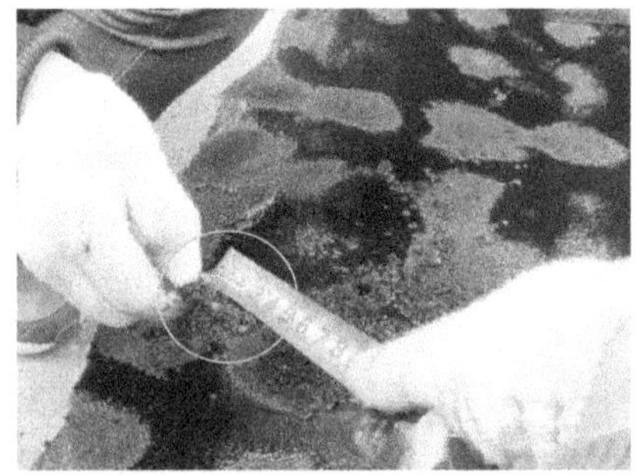

图7.5　沥青路面软化后形状及软化深度测量

对涂抹 YG-1 用量为 0.5kg/m²、0.7kg/m²、0.9 kg/m²、1.1kg/m² 的沥青路面分别进行 3min、5min、7min、9min 加热，加热后测量各软化位置的平均软化深度，并收集松散的沥青混合料称取对应的质量，用于评价软化效果。结果如表 7.1 和表 7.2 所示。

软化位置深度平均值(单位:cm)　　表 7.1

加热时间(min)	再生剂用量(kg/m²)			
	0.5	0.7	0.9	1.1
3	1.5	2.5	3.0	3.0
5	3.5	4.1	4.2	4.2
7	3.5	4.2	4.3	4.3
9	3.8	4.3	4.3	4.3

软化混合料质量(单位:kg)　　表 7.2

加热时间(min)	YG-1 用量(kg/m²)			
	0.5	0.7	0.9	1.1
3	5.58	9.17	12.4	12.7
5	13.04	17.55	20.30	20.67
7	13.37	19.84	23.39	23.88
9	14.97	22.83	24.61	25.35

设软化的混合料质量为 m，单位为 kg；YG-1 用量为 x 单位为 kg/m²，加热时间为 t，单位为 min，拟合曲线如图 7.6 所示。三者之间的关系见式(7.1)，$R^2=0.9738$。

$$m = -17.908 - 3.078x + 44.013t - 0.226x^2 - 25.537t^2 + 1.804x \cdot t \tag{7.1}$$

由图 7.6 可知，设软化的混合料质量为 m，与 YG-1 用量 x、加热时间 t 有很好的相关性。随着 YG-1 用量的增加和微波加热时间的增长，路面软化混合料的质量随之增加，但增加速率都呈现减缓趋势。三者之间的关系与第 3 章室内试验相类似。

7.1.3　沥青混合料再生性能验证

对原路面进行两种方式软化，一种利用微波加热车对沥青路面进行单纯加热(加热约 30min 能达到软化路面效果)，另一种涂抹 YG-1(用量为 0.8kg/m²、加热 5min 达到软化路面效果)后进行微波加热，将两种方式软化的混合料进行抽提筛分试验，并对抽提的沥青进行指标测试对比。

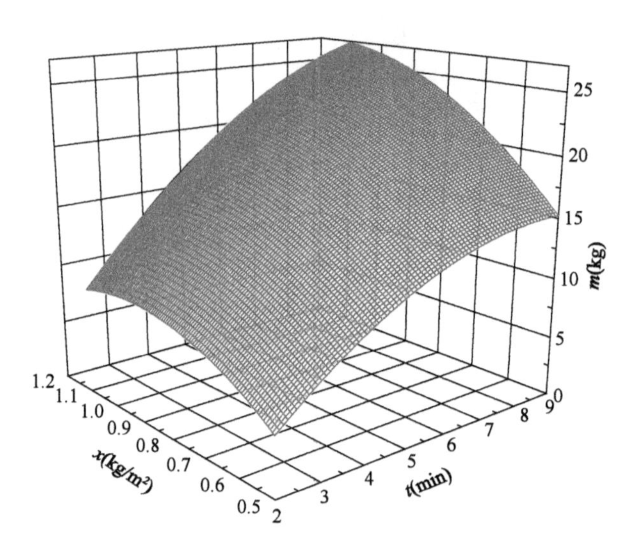

图7.6　软化混合料质量与加热时间 t、YG-1 用量 x 的关系图

图7.7、图7.8给出了两种方式软化的沥青混合料级配曲线图,由图可以看出,沥青软化后的混合料级配均良好,靠近现行技术标准中AC-13级配曲线中值,满足现行规范的要求,并未出现超出级配范围的现象。两种软化沥青路面的过程中都是原路面沥青的降黏过程,对当原路面中沥青黏度降到足够低时,混合料在耙松过程中并不会对原路面中集料的级配产生破坏,因此混合料级配良好。

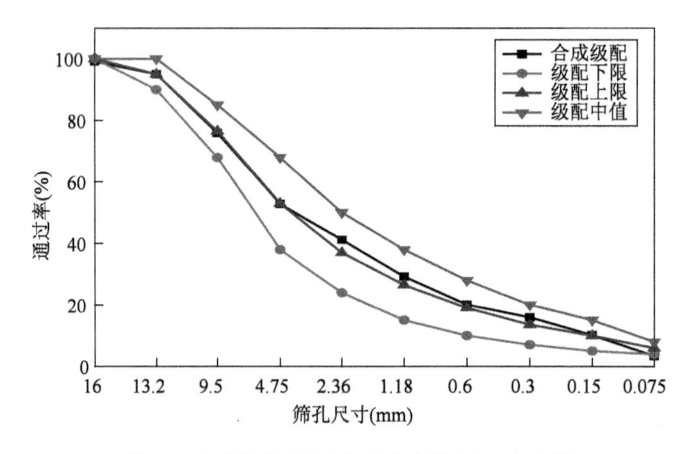

图7.7　抽提筛分后直接加热软化混合料的级配图

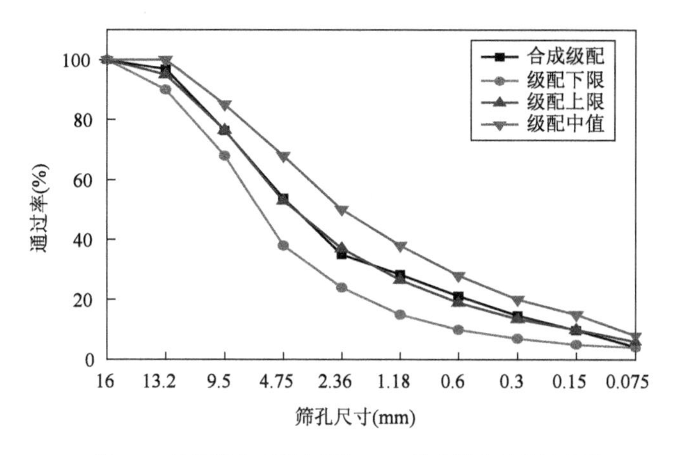

图7.8　抽提筛分后微波辅助YG-1软化混合料的级配图

表7.3给出两种不同软化方式抽提沥青后的三大指标值，可以看出，涂抹YG-1再生后的沥青指标得到了很好的恢复，基本满足现行技术标准对70号石油沥青的要求。15℃延度值略低于规范要求值，这是由于抽提过程中部分细颗粒残留所致。

两种不同软化方式抽提沥青的测试指标　　表7.3

沥青种类	测试指标		
	25℃针入度(0.1mm)	15℃延度(cm)	软化点(℃)
涂抹YG-1再生	65.2	107.1	49.2
普通加热	39.3	53.0	56.0
70号石油沥青	60~80	100	≥46

收集现场软化后的沥青混合料，进行室内试验，检验YG-1再生混合料的性能，混合料成型温度为165℃，测试结果如表7.4所示。由数据可知，YG-1再生后的混合料各项指标均满足现行规范的要求，再生效果良好。

YG-1再生混合料试验结果　　表7.4

再生混合料类型	YG-1再生料	规范值
稳定度(kN)	12.55	>8
流值(mm)	3.6	2~4
空隙率(%)	4.86	3~6
60℃动稳定度(次/mm)	2365	≥1000
冻融劈裂残留强度比(%)	82.1	≥75
-10℃弯曲试验(με)	2313	≥2000

7.2 YG-1 在坑槽修补中的应用

为进一步验证 YG-1 的再生性能，本节利用 LWX－300Ⅱ型沥青混合料微波加热车对 YG-1 再生的沥青混合料路用性能、温度变化特性等进行了研究，同时对其应用于坑槽修补时的经济价值进行了分析。具体研究内容分为两部分，第一部分对再生混合料进行加热，研究微波敏感乳液型沥青再生剂对再生混合料的升温降温规律的影响；第二部分对利用 LWX－300Ⅱ型设备再生的混合料性能进行研究，分析微波敏感乳液型沥青再生剂的再生效果。

7.2.1 试验方案

1）试验原材料

本节采用30%沥青混合料旧料，旧料类型为 AC-13，70%采用预先拌和的热拌混合料冷料，级配同样为 AC-13，回收旧料、新冷料级配及合成级配如表 7.5 所示。

新、旧沥青混合料及合成混合料的级配表　　表 7.5

混合料种类	通过各筛孔（mm）的质量百分率（%）									
	16	13.3	9.5	4.75	2.36	1.18	0.6	0.3	0.15	0.075
回收旧料	100	98.0	82.3	50.2	33.6	22.3	19.6	12.2	9.2	4.1
热拌冷料	100	97.5	80.5	46.8	32.1	26.7	20.6	14.2	11.7	6.3
合成混合料	100	97.6	81.0	47.8	32.5	25.4	20.3	13.6	11.0	5.6
规范要求范围	100	100～90	68～85	38～68	24～50	15～38	10～28	7～20	5～15	4～8

2）试验设备

本次试验采用设备为 LWX-300Ⅱ型沥青混合料微波加热车，如图 7.9 所示。该设备输入功率为 20kW，料仓一次可加热约 600kg 沥青混合料。

3）试验步骤

（1）将前期准备好的热拌冷料和回收旧料按照 7∶3 的比例放入 LWX-300Ⅱ型沥青混合料微波加热车料仓，使料仓内沥青混合料的质量为 400kg。

（2）将微波敏感乳液型沥青再生剂均匀泼洒到料仓内的混合料，YG-1 的用量为沥青用量的 8%，用量确定方法参考《公路沥青路面再生技术规范》（JTG/T 5521—2019），如图 7.10 所示，开动料仓内的双螺杆进行冷料预拌。

(3)开机对混合料进行加热,通过 LWX－300Ⅱ型沥青混合料微波加热车的温度显示装置,对不同时间混合料的料温进行记录。

图7.9　LWX－300Ⅱ型沥青混合料微波加热车

图7.10　泼洒再生剂后的混合料料仓

(4)当料温达到150℃时,通过料仓内的螺旋输送器出料,如图7.11所示。每隔1min,通过测温枪对出料后的温度进行一次测量,观测添加微波敏感乳液型沥青再生剂对料温14min内的变化。

图7.11　加热后的再生混合料

7.2.2　YG-1 再生混合料微波加热温度变化规律

试验对添加 YG-1 前后混合料的温度随时间变化规律进行了研究,测试结果如图7.12所示。

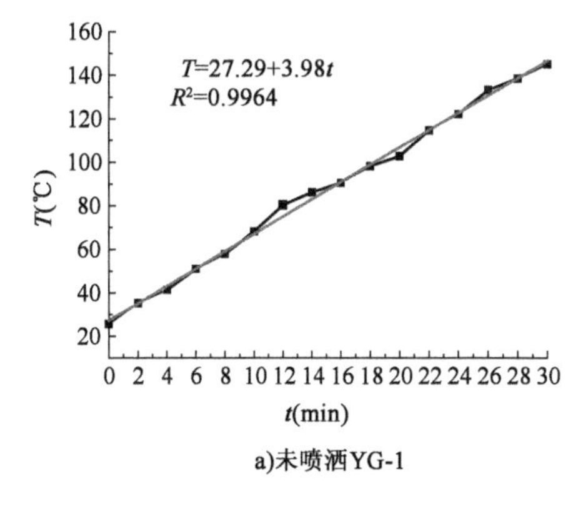

a)未喷洒YG-1

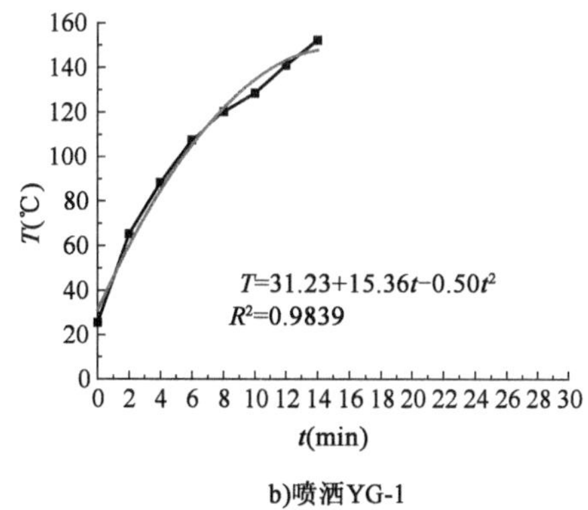

b)喷洒YG-1

图7.12　YG-1 再生料温度随时间升高规律

由试验结果可知，添加 YG-1 后混合料由常温 25℃加热到 150℃所需的时间大大缩短，约为 14min，而未添加 YG-1 的混合料升到相同温度时所需时间为 30min，加热时间缩短一半以上；添加 YG-1 前后混合料升温规律呈现出明显不同，未添加 YG-1 的混合料温度随着加热时间的增长为线性增加，而添加 YG-1 后混合料的升温规律接近抛物线，前期混合料的升温速率快，到后期升温速率逐渐降低，但整体升温速率高于未添加 YG-1 混合料的升温速率。

产生上述现象的原因是微波敏感乳液型沥青再生剂中含有微波敏感型材料，该种材料相较普通沥青混合料对微波敏感度高，吸收微波后升温速率快；同时 YG-1 为乳液型再生剂，再生剂中含有一定量的水，水为典型的非极性分子，对微波也较为敏感，在微波的作用下同样能够实现温度的快速升高，且水在微波作用下升温后汽化，在遇到温度相对较低的沥青混合料时，冷凝放出热量，这就使得在一定程度上增加了整个过程中的热传递，使混合料的温度加速升高。随着混合料的温度升高，微波敏感型材料和水的热传递作用慢慢减弱，因此，混合料的升温速率较低，混合料的进一步升温主要由微波加热实现，但由于混合料中含有微波敏感型材料，添加 YG-1 后的混合料升温速率始终高于未添加YG-1的混合料。

为进一步分析 YG-1 再生混合料的技术特性，本节对添加 YG-1 再生后的混合料降温特性进行了研究，并与未添加 YG-1 再生后的混合料进行了对比，对比结果如图 7.13 所示。

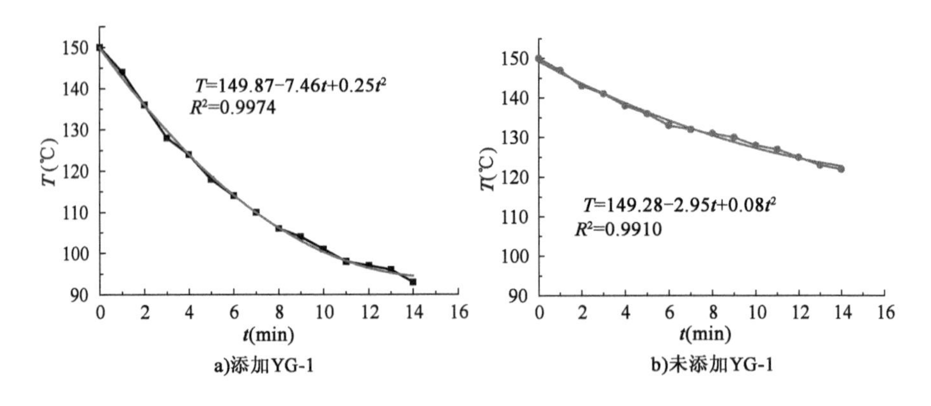

图 7.13　YG-1 再生料温度随时间降低规律

由图可以看出，经过 14min 的降温后，添加 YG-1 再生的混合料温度明显低于未添加的混合料，温度由 150℃降低到 93℃，而未添加 YG-1 混合料的温度由150℃降低到122℃,二者降低温度相差接近30℃;添加YG-1和未添加YG-1混合料的降温规律均接近抛物线,前期降温速率快,后期降温速率逐渐降低,但添加YG-1的混合料温度降低速率明显高于未添加YG-1混合料的速率。

产生上述现象的原因是YG-1添加前后混合料的发热机理不同,如前所述,添加YG-1的混合料发热是由于YG-1中微波敏感材料升温后热传导,由水升温汽化、冷凝放热,以及微波加热石料三部分组成的,而未添加YG-1混合料的温度升高主要由微波加热石料所致。微波敏感材料升温,水冷凝放热两种作用都发生在作用集料表面,加热方式是通过混合料表面由外及里进行加热,因此集料的外部温度要高于集料内部温度,而微波加热石料的方式与上述两种方式不同,由于微波极强的穿透性,微波对集料进行整体加热,而且由于集料表面与外界接触,最终导致了集料表面的温度要略低于集料内部的温度,与添加YG-1后混合料的温度分布情况恰好相反。在集料堆放测量降温速率时,分布在集料表面的温度与外界接触时更容易散失,同时由于石料内部温度低于石料表面温度,部分热量继续向石料内部进行传递,石料的温度逐步达到平衡,最终导致了添加YG-1混合料的降温速率高于未添加的混合料。相反的,由于未添加YG-1混合料集料温度内高外低,在表面温度降低后,集料内部温度向外扩散,使降低的温度得到一定的补偿,最终表现出降温速率慢的试验现象。

不考虑微波泄漏等问题,假设在整个混合料加热过程中微波发射的能量全部被仓内的混合料吸收,可知未添加YG-1的沥青混合料的能量将近是添加YG-1混合料能量的2倍。在集料表面温度相同的情况下,YG-1改变了集料热量的分布,添加YG-1后,微波能量吸收主要停留在集料的表面,而未添加YG-1的集料,其能量在集料内部分布相对均匀,集料内部温度达到甚至超过集料表面的温度。

通过分析可知,YG-1所起的作用是改变集料温度场的分布,对工程实践来讲是有益的,YG-1加入可以快速提高集料表面的温度,进而提高沥青的温度,使其满足碾压成型的要求,在提高效率的同时降低了能耗;另一方面,YG-1的快速降温有利于开放交通,在坑槽修补后短时间内即能实现开放交通,避免造成交通堵塞和交通事故。

7.2.3 再生混合料性能验证

本节对YG-1再生混合料进行测试,并与未添加YG-1的再生混合料性能进行对比。试验采用LWX－300Ⅱ型沥青混合料微波加热车加热分别对添加YG-1和未添加YG-1的混合料进行加热,用保温取料桶取样后进行马歇尔试件和车辙板试件的成型,对两组再生料的空隙率、动稳定度、冻融劈裂、低温弯曲进行了测试,测试的方法采用现行《公路工程沥青及沥青混合料试验规程》中相应的试验方法,试件成型温度为150℃,试验结果如表7.6所示。

再生混合料性能 表7.6

再生混合料类型	添加YG-1的再生料	未添加YG-1的再生料	规范值
空隙率(%)	4.50	5.71	3~6
60℃动稳定度(次/mm)	1563	1609	≥1000
冻融劈裂残留强度比(%)	85.4	72.4	≥75
低温弯曲破坏应变(με)	2741	1964	≥2300

注:空隙率测定时最大理论密度采用抽真空法进行测定。

由试验结果可知,添加YG-1后的沥青再生料性能均能满足现行技术规范的要求,除动稳定度外,其他三项指标均优于未添加YG-1的再生料。未添加YG-1的再生混合料除动稳定度满足规范要求外,其他三项均不满足规范要求值。由此可知,YG-1能够起到很好的混合料再生作用,在其他条件不变的情况下,添加YG-1能够使再生混合料的性能满足现行规范要求,相比未添加YG-1的再生料,性能得到了提升。

7.2.4 经济效益分析

本节对添加YG-1前后坑槽修补费用进行了对比分析。计算中采用的YG-1用量、微波加热时间均与前述试验条件相同。

坑槽修补费用计算主要由以下几方面构成:

(1)燃油(发电机燃油、汽车燃油):7元/L;

(2)人工:200元/日;

(3)YG-1:10元/kg;

(4)坑槽修补单价:30元/(cm·m^2);

(5)设备折旧:600元/工日;

(6)过路费:300元/日。

计算假设工作量饱满,添加YG-1的情况下可完成60m^{2}平均厚度为5cm的坑槽修补工作，则每工日盈利 G_1 为：

$G_1=60m^2\times5cm\times30$ 元/(cm·m²) -100×7 元/L -5×200 元/日 $-60m^2\times5\times10^{-2}m\times2.5\times10^3kg/m^3\times4.6\%\times8\%\times10$ 元/kg -600 元/工日 -300 元/日 $=6114.8$(元/日)

修补每平方米每厘米坑槽的成本 F_1 为：

$F_1=30$ 元/(cm·m²) -6114.8 元/日/($60m^2\times5cm$) $=9.62$ 元/(cm·m²)

计算中沥青混合料假设沥青混合料密度为：$2.5\times10^3kg/m^3$；混合料中沥青含量为4.6%；YG-1 用量为沥青量的8%。

未添加 YG-1 的情况，由于混合料的加热效率低，如前所述，约为添加 YG-1 的一半，由此可得完成工作量为 $30m^2$ 平均厚度为 5cm 的坑槽修补工作，则每工日盈利 G_2 为：

$G_2=30m^2\times5cm\times30$ 元/cm·m² -100×7 元/L -5×200 元/日 -600 元/工日 -300 元/日 $=1900$(元/日)

修补每平方米每厘米坑槽成本 F_2 为：

$F_2=30$ 元/(cm·m²) -1900 元/日/($30m^2\times5cm$) $=17.33$ 元/(cm·m²)

不难看出，由于 YG-1 能够大幅提升坑槽修补的效率，由此产生的经济价值非常可观，添加 YG-1 后产生的日盈利约为不使用 YG-1 时的 3 倍，单位量修补成本降低近一半。

7.3　本章小结

本章对 YG-1 的应用进行了尝试。结合市场已有的微波发射设备 WITOL 微波养护车和 LWX－300Ⅱ型箱式微波加热车，进行了 YG-1 软化路面和 YG-1 混合料再生的尝试。主要结论如下：

(1)微波辅助 YG-1 软化沥青路面的效果明显，路面软化情况与数值分析结果对应。路面软化部分成倒锥形不连续分布，最大软化深度达到 4.5cm。单纯使用微波加热实现沥青路面软化的时间约为 30min，而微波辅助 YG-1 软化沥青路面的时间仅为 5min，YG-1 的使用能够大幅提升路面软化时间。

(2)软化混合料质量 m 与 YG-1 用量 x、加热时间 t 有很好的相关性。随着 YG-1 用量的增加和微波加热时间的延长，路面软化混合料的质量随之增加，但增加速率都呈现减缓趋势。

(3) YG-1 用于坑槽修补时,微波加热混合料的升温速率发生了明显的变化,混合料由 25℃上升到 150℃所需的时间由 30min 减少到 14min,加热效率提高了一倍;YG-1 再生混合料降温规律同样发生了明显的改变,YG-1 再生混合料的降温速率明显大于普通再生混合料,经过降温 14min 后,两种混合料温差将近 30℃。

参 考 文 献

[1] 交通运输部公路科学研究院. 公路沥青路面设计规范: JTG D50—2017[S]. 北京:人民交通出版社股份有限公司,2017.

[2] 交通运输部公路科学研究院. 公路沥青路面再生技术规范: JTG F41—2008[S]. 北京:人民交通出版社股份有限公司,2017.

[3] 盛燕萍,李海滨,孟建党. 就地热再生技术在沥青路面养护工程中的应用[J]. 广西大学学报(自然科学版),2012,37(01):134-140.

[4] 李肖肖. 沥青路面就地热再生机组加热装置的研究[D]. 重庆交通大学,2014.

[5] 马建,孙守增,芮海田,等. 中国筑路机械学术研究综述·2018[J]. 中国公路学报,2018,31(06):1-164.

[6] Bosisio R G, J Spooner and J. Grî Nger, Asphalt Road Maintenance with a Mobile Microwave Power Unit. Journal of Microwave Power, 1974. 9(4): 381-386.

[7] Roads, B, MICROWAVES OFFER MAXIMUM POTENTIAL. Better Roads, 1982. 52.

[8] Jaselskis E J, Dielectric properties of asphalt pavement. Journal of Materials in Civil Engineering, 2003. 15(5):427-434.

[9] Hill, J. M. and T. R. Marchant, Modelling microwave heating. Applied Mathematical Modelling, 1996. 20(1).

[10] Peinsitt, T., et al., Microwave heating of dry and water saturated basalt, granite and sandstone. International Journal of Mining and Mineral Engineering, 2010(1).

[11] Benedetto, A. and A. Calvi, A pilot study on microwave heating for production and recycling of road pavement materials. Construction and Building Materials, 2013. 44.

[12] Gonzúlez, A., et al., Effect of RAP and fibers addition on asphalt mixtures with self-healing properties gained by microwave radiation heating. Construc-

tion and Building Materials, 2018.159: 164-174.

[13] Sun, Y., et al., Snow and ice melting properties of self-healing asphalt mixtures with induction heating and microwave heating. Applied Thermal Engineering, 2018.129: 871-883.

[14] Liu, Q., et al., Heating Characteristics and Induced Healing Efficiencies of Asphalt Mixture via Induction and Microwave Heating. Materials, 2018. 11(6):913.

[15] Karimi, M. M., et al., Induced heating-healing characterization of activated carbon modified asphalt concrete under microwave radiation. Construction and Building Materials, 2018.178:254-271.

[16] Gallego, J., et al., Heating asphalt mixtures with microwaves to promote self-healing. Construction and Building Materials, 2013.42:1-4.

[17] Norambuena-Contreras, J. and A. Garcia, Self-healing of asphalt mixture by microwave and induction heating. Materials & Design, 2016.106:404-414.

[18] Shoenberger, J. E., R. S. Rollings and R. T. Graham. PROPERTIES OF MICROWAVE RECYCLED ASPHALT CEMENT BINDERS. in Physical Properties of Asphalt Cement Binders. 1995.

[19] 朱松青，史金飞，王鸿翔. 沥青路面现场微波加热再生模型与实验[J]. 东南大学学报(自然科学版)，2006(03):393-396.

[20] 高子渝，焦生杰. 微波加热旧沥青混合料的应用研究[J]. 筑路机械与施工机械化，2006(10):29-31.

[21] 薛亮，郝培文，邹天义，等. 微波、红外再生沥青混合料路用性能研究[J]. 公路，2007(02):149-152.

[22] 关明慧，徐宇工，卢太金，等. 微波加热技术在清除道路积冰中的应用[J]. 北方交通大学学报，2003(04):79-83.

[23] 杨茂辉，赵青，李宏福，等. 微波沥青路面除冰斜角辐射喇叭天线设计[J]. 强激光与粒子束，2007(11):1883-1886.

[24] 焦生杰，唐相伟，高子渝，等. 环境温度对道路微波除冰效率的影响[J]. 长安大学学报(自然科学版)，2008，28(06):85-88.

[25] 高杰，张正伟，韩振强，等. 电磁波吸收材料用于微波融冰雪路面的研究进展[J]. 材料导报，2016，30(23):87-95.

[26] 陆松，许金余，白二雷，等. 机场混凝土道面微波除冰仿真与试验研究[J].

中南大学学报(自然科学版),2017,48(12):3366-3372.
[27] 日本道路协会.日本路面废料再生利用技术指南[M].北京:人民交通出版社,1990.
[28] 冉龙飞.热、光、水耦合条件下SBS改性沥青老化机理研究及高性能再生剂开发[D].重庆交通大学,2016.
[29] Karlsson, R. and U. Isacsson, Application of FTIR-ATR to Characterization of Bitumen Rejuvenator Diffusion. Journal of Materials in Civil Engineering, 2003. 15(2):157-165.
[30] Romera, R., et al., Rheological aspects of the rejuvenation of aged bitumen. Rheologica Acta, 2006. 45(4):474-478.
[31] Berend, V. J. and V. W. K. Dimitri, METHOD FOR REJUVENATING A BITUMEN CONTAINING COMPOSITION. 2010.
[32] Zargar, M., et al., Investigation of the possibility of using waste cooking oil as a rejuvenating agent for aged bitumen. Journal of Hazardous Materials, 2012. 233-234(10):254-258.
[33] 余国贤,周晓龙,金亚清,等.废旧沥青再生剂的实验研究[J].石油学报(石油加工),2006(05):96-100.
[34] 王凤楼,王奕鹏,张强,等.沥青再生剂的再生效果与扩散性能研究[J].石化技术与应用,2012,30(01):13-18.
[35] 王凤楼,王奕鹏,周峰,等.废旧SBS改性沥青混合料的再生与应用研究[J].石油沥青,2012,26(01):9-14.
[36] 牛昌昌.基于晶核分散理论的新型沥青再生剂研发及其性能评价[D].长安大学,2017.
[37] 李秋忠,杨慧,李宾.乳化沥青稳定机理分析[J].石油沥青,2013(02):68-72.
[38] 陈宗淇.胶体与界面化学[M].北京:高等教育出版社,2001.
[39] 李永翔,郝培文,雷宇,等.微波敏感乳液型沥青再生剂的开发及作用机理分析[J].北京工业大学学报,2018,44(01):80-87.
[40] 中华人民共和国行业标准.公路工程沥青及沥青混合料试验规程:JTG E20—2011[S].北京:人民交通出版社,2011.
[41] 中华人民共和国行业标准.公路沥青路面施工技术规范:JTG F40—2004[S].北京:人民交通出版社,2004.

[42] 李自光,任武,黄樱,等. 基于 ANSYS 的微波加热再生沥青路面温度控制仿真与试验[J]. 中国工程机械学报,2010,8(02):204-207+218.

[43] 孙铜生,史金飞,张志胜. 沥青路面微波热再生传热模型与解法[J]. 交通运输工程学报,2008(05):49-53+60.

[44] 美国沥青协学. 高性能沥青路面(Superpave)基础参考手册[M]. 贾渝,曹荣吉,等,译. 人民交通出版社,2005.

[45] 柯以侃,董慧茹. 分析化学手册　第三分册　光谱分析[M]. 北京:化学工业出版社,2003.

[46] 李璐,郝增恒,盛兴跃. 基于红外光谱的浇注式沥青超热低氧老化机理[J]. 公路交通科技,2016,33(11):20-25.

[47] 易德生,郭萍. 灰色理论与方法[M]. 北京:石油工业出版社. 1992.

[48] 中华人民共和国行业标准. 公路工程集料试验规程:JTG E42—2005[S]. 北京:人民交通出版社,2005.

[49] 杜顺成. 沥青混合料高温稳定性评价指标和级配设计方法研究[D]. 长安大学,2007.

[50] Tan Y, Zhang L, Shan L, et al. The Study on Evaluation Methods of Asphalt Mixture Low Temperature Performance[J]. Rilem Bookseries, 2012, 4: 1291-1299.

[51] 张翼飞. 沥青路面微波养护车加热装置天线及其阵列仿真研究[D]. 长安大学,2012.

[52] 潘雪峰. 沥青微波现场热再生装置加热平均度研究[D]. 西安电子科技大学,2015.

[53] 蔡云秀,彭增华,谭蓉. 微波干燥设备中抑制器的设计[J]. 昆明理工大学学报(理工版), 2009,34(02):81-83+88.

[54] 邓水英,崔献奎,唐相伟. 沥青路面微波养护车微波屏蔽系统研究[J]. 筑路机械与施工机械化,2009,26(06):60-63.

[55] 栾秀珍,王钟葆,傅世强,等. 微波技术与微波器件[M]. 北京:清华大学出版社,2017.

索　　引